上海海关学院
工商管理与关务学院 | 优秀青年博士学术文库

# 基于生活史特征的
# 有限数据渔业种群资源评估研究

刘婵娟　著

上海交通大学出版社
SHANGHAI JIAO TONG UNIVERSITY PRESS

**内容提要**

本书主要阐述基于生活史特征的有限数据渔业种群资源评估方法,包括自然死亡率评估和内禀增长率评估。全书共 7 章,分别为有限数据渔业种群资源评估的研究背景与意义、国内外研究现状及综述、基于集成模型的鱼类自然死亡率评估、基于贝叶斯层次误差模型的内禀增长率估计、基于可靠内禀增长率和 CPUE 的改进 OCOM 模型、有限数据渔业种群状态评估方法比较、主要结论及展望。

本书可以作为普通高等教育渔业资源专业、海洋渔业科学与技术专业、资源与环境经济学专业、渔业发展专业等本科及研究生课程教材,也可以作为渔业资源评估与生态保护行业人员了解行业发展,提高技能的参考用书。

**图书在版编目(C I P)数据**

基于生活史特征的有限数据渔业种群资源评估研究 / 刘婵娟著. — 上海：上海交通大学出版社,2024.12.
ISBN 978-7-313-32411-5

Ⅰ. S93

中国国家版本馆 CIP 数据核字第 2025R8K069 号

基于生活史特征的有限数据渔业种群资源评估研究
JIYU SHENGHUOSHI TEZHENG DE YOUXIAN SHUJU YUYE ZHONGQUN ZIYUAN PINGGU YANJIU

.............................................................................................................

| | | | |
|---|---|---|---|
| 著　　者：刘婵娟 | | | |
| 出版发行：上海交通大学出版社 | 地　　址：上海市番禺路 951 号 | | |
| 邮政编码：200030 | 电　　话：021 - 64071208 | | |
| 印　　刷：上海新华印刷有限公司 | 经　　销：全国新华书店 | | |
| 开　　本：710mm×1000mm　1/16 | 印　　张：10.75 | | |
| 字　　数：142 千字 | | | |
| 版　　次：2024 年 12 月第 1 版 | 印　　次：2024 年 12 月第 1 次印刷 | | |
| 书　　号：ISBN 978 - 7 - 313 - 32411 - 5 | | | |
| 定　　价：78.00 元 | | | |

# 前言
## PREFACE

　　海洋渔业资源是整个海洋生态系统的重要组成部分,也是人类食物、营养、收入和生计的重要来源。近年来,随着生产发展,人们对鱼类和海产品的需求量日益增加,世界各国对鱼类资源的捕捞强度日渐加大。过度捕捞导致渔业资源衰退,生物多样性降低,生态系统结构和功能被破坏。渔业资源评估是渔业资源科学管理的基础,然而,联合国粮农组织统计数据显示,目前全球 98％的渔业种群都还没有得到完整的科学评估。因此,对全球渔业资源尤其是有限数据渔业资源进行科学评估与管理是目前全球海洋渔业资源可持续发展研究的前沿与热点问题。

　　本书在已有渔业资源评估和可持续发展理论基础上,重点关注那些经济价值较低、种群规模较小,还未得到完整科学评估,但是在全球海洋生态系统中依然具有重要作用的有限数据渔业种群,试图建立针对有限数据渔业种群的自然死亡率($M$)、内禀增长率($r$)和其他生物参考点估计的数学模型,进行有限数据渔业种群资源评估,以期为有限数据渔业种群资源管理和可持续发展提供科学参考依据。

　　与其他同类书籍相比,本书的特色主要体现在以下几个方面。

　　(1)基于集成模型的鱼类自然死亡率评估。在对已有数据相对丰富的渔业种群资源评估研究结果进行整理分析的基础上,搜集、编制鱼类自然死亡率与生活史参数数据集,基于树的集成模型构建鱼类自然死亡率与生活史参数之间的经验关系,进行有限数据渔业种群自然死亡率评估。结果表明,相比于传统的统计模型,基于树的集成模型能够显著提升渔业自然死亡率估计的准确性。在回归树模型、装袋树、随机森林和提升树模型中,提升树模型对渔业自然死亡率估计准确性最高。本书还创建了 R 包(M estimate)供人们使用,只需要输入鱼类种群的类别(硬骨鱼或者软骨鱼)和简单的生活史参数,例如最大年龄或者鱼的体长就可以得到相应种群的自然死亡率估计。

(2)基于贝叶斯层次误差模型的内禀增长率估计。同时考虑生活史参数的测量误差和内禀增长率的估计误差,建立贝叶斯层次变量误差模型构建渔业种群内禀增长率与生活史参数之间的经验关系。结果表明,渔业种群内禀增长率与生活史参数之间的经验关系是那些只有简单生活史参数的有限数据渔业种群内禀增长率评估的有效方法。在所有生活史参数中,最大年龄对内禀增长率的影响最大,其次是自然死亡率。当模型中已经有 $T_{max}$ 和 $M$ 时,再加入其他生活史参数似乎对 $r$ 的估计结果并没有太大影响。基于 $T_{max}$ 的最佳模型为:$r = 4.553/T_{max}$(无脊椎动物,invertebrate)、$r = 2.663/T_{max}$(软骨鱼,elasmobranch)、and $r = 5.752/T_{max}$(硬骨鱼,teleost)。基于 $M$ 的最佳模型为:$r = 2.036M$(无脊椎动物,invertebrate)、$r = 0.661M$(软骨鱼,elasmobranch)、$r = 1.736M$(硬骨鱼,teleost)。

(3)基于可靠内禀增长率先验和单位捕捞努力量渔获量(CPUE)数据的改进最优化仅捕获方法(optimized catch-only assessment method,OCOM)。本书使用基于贝叶斯层次误差模型得到的种群内禀增长率分布信息和可获得的单位捕捞努力量渔获量数据对 Zhou 等[1]人提出的 OCOM 方法进行改进。结果表明,尽管在 OCOM 模型中加入有限的 CPUE 数据似乎并不能提高 OCOM 对所有参数估计的准确性,但至少在种群饱和度(S)估算中显示出巨大的优势。使用整个 CPUE 数据时间序列可以明显提高模型对关键参数的预测的准确性。

（4）有限数据渔业种群状态评估方法比较。将本书提出的改进 OCOM 模型、CMSY[2] 和 sraplus[3] 方法在 RAM Legacy Stock Assessment Data Base（RAMLD）数据库中的种群上进行比较。结果表明，没有哪一种有限数据渔业种群评估方法能够对所有参数和所有种群都给出最佳估计。相比于种群承载能力（$K$）、种群饱和度水平（S）和种群内禀增长率（$r$），所有仅捕获方法对最大可持续产量（MSY）的估计都是最准确的。在 OCOM 和 sraplus 中融入整个 CPUE 时间序列的确可以增强仅捕获方法对种群生物学参考点估计的准确性。此外，尽管 sraplus 可以方便地在仅捕获方法中融入更多可获得的特定种群信息，但是，在仅捕获方法中融入 FMI 和 SAR 等数据，似乎并没有提高其对种群生物学参数估计的准确性。

本书由上海海关学院刘婵娟博士主编并确定结构框架和主体内容。在确定本书提纲和研究内容的过程中也得到以下老师的支持和帮助，他们是上海海事大学胡志华教授、澳大利亚联邦科学与工业研究组织海洋和大气研究中心周仕杰教授、昆士兰科技大学王有乾教授、吴金冉博士等的支持和帮助。同时，本书的顺利完成离不开上海交通大学出版社编辑老师的支持和督促。本书在编写过程中，得到了很多行业专家学者的关心和支持，再次表示衷心的感谢。

虽然在编写过程中，本书经过多次校对和修改，但由于作者水平有限，书中难免有不当之处，敬请读者批评指正。

刘婵娟

2025 年 1 月

# 目录
## CONTENTS

# 第1章

## 有限数据渔业种群资源评估的研究背景与意义

## 1.1 研究背景

### 1.1.1 行业背景

海洋覆盖了地球 70% 的面积,海洋里的丰富资源为人类生计以及经济稳定提供了有力的支持。海洋渔业是世界各地亿万民众的食物、营养、收入和生计来源。没有健康的海洋生态环境,就没有蓬勃、可持续发展的蓝色经济。然而,长久以来,人类都忽视了对海洋的保护,尤其是过度捕捞导致渔业资源衰退,生物多样性降低,生态系统结构和功能被破坏,从而对整个海洋生态系统产生巨大的影响。尽管联合国早在 2010 年就制订了《生物多样性战略计划(2010—2020 年)》,但是全球人口增加、收入提高和城市化发展导致人类对水产品的需求量日益增加,进一步导致全球海洋捕捞量不断上升,并且各国对海洋渔业资源保护意愿和保护行动不够,尤其是发展中国家和地区缺乏对海洋渔业资源的科学管理,这一计划在过去十年里并未有效遏制全球海洋生态恶化的趋势[4]。

海产品是全球数十亿人蛋白质的重要来源,也是人体不可或缺的一些微量营养元素的重要来源,每年从海洋中消费的海洋动物超过 8000 万吨[5],海洋渔业占世界蛋白质摄入量的 17%[6]。无论是有目标的捕捞还是偶然捕捞,都是直接导致海洋生物多样性下降的主要原因[5]。随着生产的发展,人们对鱼产品的需求量不断增加,捕捞强度日渐加大。联合国

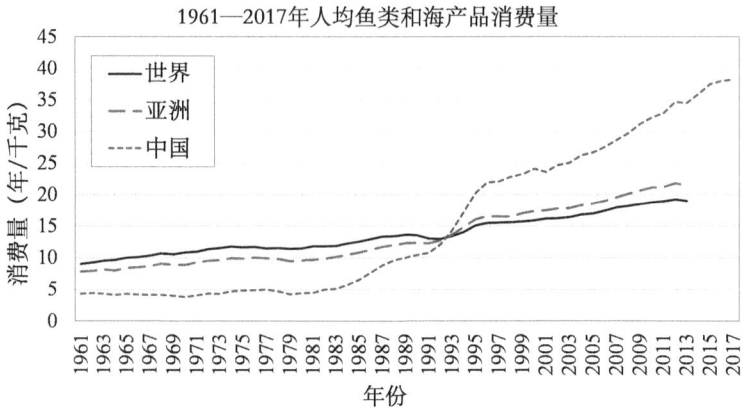

图 1-1 1961—2017 年人均鱼类和海产品消费量

来源：联合国粮农组织（FAO）

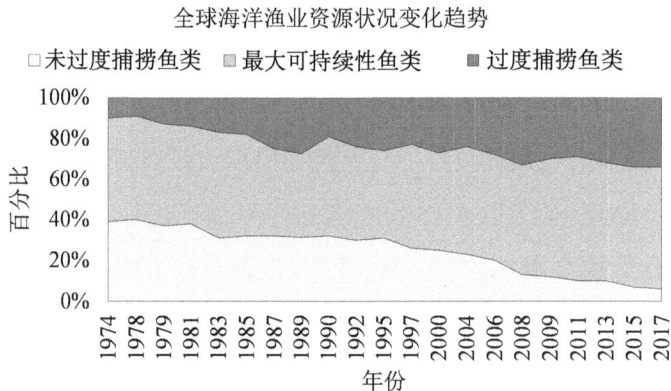

图 1-2 1974—2017 年全球海洋渔业资源状况变化趋势

来源：联合国粮农组织（FAO）

粮农组织的统计数据显示，自 1961 年以来全球人均鱼类和海产品消费量持续增加。由图 1-1 可知，全球人均鱼类和海产品消费量从 1961 年的 9.01kg 增长到 2013 年的 18.98kg，亚洲人均鱼类和海产品消费量从 1961 年的 7.81kg 增长到 2013 年的 21.43kg，而中国的人均鱼类和海产品消费量从 1961 年的 4.29kg 增长到 2017 年的 38.17kg。随着中国经济的不断发展，人民生活水平提高，中国的人均鱼类和海产品消费量已经远远超过全球平均水平,而且人类对于鱼类和海产品的需求量还显示出进一步增加的趋势。我们不禁要问,未来海洋还能够为人类提供源源不断的食品吗?

　　渔业资源保护是在渔业生产中对鱼类及其生存的水域实行有计划的生产管理,使得渔业生产在政府渔业资源管理部门的管理下,鱼类的群体数量不断得到补充、更新,鱼类与生态建立新的平衡。渔业资源是一种可再生资源,具有自行繁殖的能力。通过种群的繁殖、发育和生长,资源不断更新,种群数量不断获得补充,并通过一定的自我调节能力使种群的数量达到平衡。如果有适宜的环境条件,并且人类开发利用合理,渔业资源可世代繁衍,持续为人类提供高质量的食物。最大可持续水平范围内的鱼类资源比例是衡量渔业资源可持续发展的一个关键指标。图 1-2 是全球渔业资源状况在 1974—2017 年之间的变化趋势。令人震惊的是,处于最大可持续水平的鱼类种群比例从 1974 年的 90%下降到 2017 年的65.8%。而且,未过度捕捞的鱼类种群从 1974 年的 39%下降到 2017 年的 9%。

　　2019 年联合国发布的《全球生物多样性与生态系统服务功能评估报告》显示,人类对于野生鱼类、贝类等海洋资源的过度利用已经严重影响到海洋的生物多样性和海洋健康,反过来又威胁到人类自身的生存。因此,2020 年初,联合国《生物多样性公约》秘书处发布了《2020 年后全球生物多样性框架预稿》,第一次在官方发布的文件中提出"到 2030 年,要使至少 30%的海洋得到有效保护"的行动目标(简称海洋 30 目标)。

### 1.1.2　学术背景

　　2018 年 9 月,中国科学院张亚平院士与美国国家地理学会首席科学家 Jonathan Baillie 共同在《科学》杂志上发文,提出目前的保护程度和需要的力度相差甚远,呼吁人类要更好地保护生物多样性并确保关键生态系统的生态服务价值,鼓励各国协力推动制定下一个十年的生物多样性目标,努力使至少30%的海洋得到保护[7]。

在全球海洋生态保护中,可持续利用渔业资源是当代最具挑战性的环境问题之一。然而,据不完全统计,全球仅有不足1%的渔业种群存在完整、科学的资源评估结果,而且这1%中大多是种群规模较大、经济价值较高的商业种群。而那些种群规模较小、经济价值较低的种群,尤其是发展中国家和地区的小规模种群还未得到科学的种群资源评估[8, 9]。

渔业资源评估,具体来说就是在了解和掌握了捕捞对象的年龄、长度、重量、繁殖力及渔获组成等生物学资料的基础上,又获得多年的渔获量和捕捞努力量等较完整的渔业统计资料,对鱼类等捕捞对象的生长、死亡等有关参数进行测定和计算,考察捕捞作用对渔业资源数量和质量的影响,对资源量和渔获量做出估计和预报[10]。

近几十年来,国际海洋渔业资源管理引起了越来越多的关注。国内外学者研究和分析了区域渔业资源管理机制,并提出了各种渔业资源评估方法。其中,自20世纪50年代Schaefer首次提出了生物学参考点(biological reference point,BRP)的概念以来,生物学参考点在渔业资源管理中的应用越来越普及,种类大量扩充,数量显著增加,如今已在加拿大、美国等发达国家和地区的渔业资源评估与管理中得到广泛应用。生物学参考点是捕捞控制规则(harvest control rule,HCR)的重要组成部分,是渔业资源管理的重要依据之一,它是从生物学角度为了某一种管理目的而设置的一个参考值,应用它可以判断渔业资源状态和捕捞状态。但是,目前渔业科学家对于使用哪一种参考点是最佳的评估标准还没有形成共识,不同的管理机构经常使用不同的参考点[11]。目前很多发展中国家和地区,包括中国等在渔业管理方法上仅限于限制捕网大小、设置禁渔期和禁渔区等传统方法,这些方法很难保证渔业资源的可持续性利用。要想对渔业种群进行科学评估与管理,必须对其生物学特征有所了解,进一步计算其生物参考点。

众多研究表明,海洋渔业资源的准确评估和保护刻不容缓,尤其是针对有限数据渔业资源的科学评估。2013 年,在波士顿举办的世界渔业资源评估方法大会上将"数据有限办法"列为四大主题之一[9, 12]。而我国近海渔业资源的调查起步较晚,有记录的数据资料少之又少,大部分渔业种群资源都处于数据严重缺乏的状态。要想对我国渔业种群资源以及全球广大的有限数据渔业种群进行科学、有效的管理和保护,开发有限数据渔业资源种群评估模型和方法至关重要。

未来十年,国际社会需要加大保护力度,努力实现海洋 30 目标,才有可能扭转全球海洋生物资源不断枯竭、海洋生态系统不断恶化的趋势,保证全球海洋生物资源尤其是为人类提供重要食物和营养的海洋渔业资源能够可持续开发和利用。

## 1.2　研究意义

### 1.2.1　理论意义

本书基于荟萃分析(meta-analysis)方法,从已有文献资料中搜集鱼类种群的生活史参数数据并进行整理,汇编成新的数据集,以为基于荟萃分析方法的鱼类生物学特征、生物参考点以及种群状态评估等研究提供数据基础。建立基于树的集成模型,通过鱼类生活史参数信息估计鱼类种群的自然死亡率(natural mortality, $M$),以提高鱼类种群自然死亡率估计的准确性。此外,同样基于荟萃分析方法搜集的数据集,构建贝叶斯层次变量误差模型探索鱼类种群的内禀增长率(intrinsic rate of population growth, $r$)与鱼类种群生活史参数之间的关系,以为那些只有简单的生活史参数的有限数据鱼类种群的内禀增长率提供参考依据。并且,基于贝叶斯层次变量误差模型的计算,得到鱼类种群内禀增长利率的后验分布,以及近年来部分种群可获得的单位捕捞努力量渔获量(CPUE)数据的改进,被广泛应用的最优化捕获方法种群状态评估模型。最后,基于 RAMLD 数据库中的数据,对现有的 5 种针对有限数据鱼类种群状态评估的仅捕获方法进行比较,分析各种方法的优缺点、适用场景,以为有限数据鱼类种群状态评估提供更加准确、可靠的种群资源评估结果。

### 1.2.2 现实意义

本书针对目前全球大量鱼类种群缺乏综合、科学的种群状态评估问题,尤其是对于世界各地的小规模种群以及发展中国家和地区数据缺乏的鱼类种群,首先通过荟萃分析方法编译鱼类种群生活史参数数据集。应用基于树的集成学习方法和贝叶斯层次误差模型构建鱼类自然死亡率和内禀增长率与鱼类生活史参数之间的关系,为那些仅有简单生活史参数数据的有限数据渔业种群提供可靠的自然死亡率和内禀增长率信息。此外,本书提出的贝叶斯层次变量误差模型给出的内禀增长率后验分布可以为一系列针对有限数据鱼类种群状态评估的仅捕获模型提供可靠的内禀增长率先验信息,以提高仅捕获方法种群状态评估结果的准确性,帮助渔业资源管理部门对有限数据渔业种群进行科学评估与管理,实现渔业资源的可持续发展。

## 1.3 创新点

### 1.3.1 基于荟萃分析的软骨鱼生活史参数数据集汇编和更新

在鱼类自然死亡率估计中,人们提出了多种基于生活史参数的经验估计方法,利用相对容易测量的生活史参数(如个体体长、最大年龄、成熟年龄等)来估计鱼类的自然死亡率。但是,现有经验估计方法主要针对硬骨鱼的研究,包括 Then 等[13]最新汇编和使用的包含 200 多个样本的数据集中也只有 4 个软骨鱼样本。然而,随着鲨鱼等软骨鱼过度捕捞问题日益严重,对软骨鱼自然死亡率的准确评估成为渔业资源管理中亟须解决的问题。因此,我们通过荟萃分析从各种已有文献、报告资料中获得

60 个软骨鱼样本数据,扩大、更新了当前的鱼类自然死亡率经验估计所使用的数据集,最终编译了一个包含 256 个样本,其中有 196 个硬骨鱼样本和 60 个软骨鱼样本的新数据集供人们进行自然死亡率相关的经验估计研究。

### 1.3.2　基于统计学习的集成模型在鱼类死亡率估计中的应用

尽管近年来统计学习方法被广泛应用于生物、医学等领域,包括渔业研究,但是本书首次将统计学习中基于树的集成模型应用于鱼类种群的自然死亡率评估。相比于传统的统计回归模型或者简单的树回归模型,基于树的集成模型能够通过自助采样等方式充分利用数据,非常适合于有限数据渔业种群的研究,通过建立多个单独模型,再将这些模型综合起来,以提高模型的预测能力。

### 1.3.3　基于贝叶斯层次误差模型构建内禀增长率与生活史参数之间的经验关系

本书首次将鱼类种群的内禀增长率与生活史参数联系起来,构建鱼类种群的内禀增长率与较容易获得的生活史参数之间的经验关系。本书提出的贝叶斯层次变量误差模型不仅考虑了生活史参数的测量误差和模型的过程误差,而且考虑了鱼类种群类别之间的差异。本研究的结果可以用于确定 $r$ 的先验信息,并应用于各种渔业种群评估模型,以提高渔业种群状态评估的可靠性,尤其是对于那些仅有简单的生活史参数的有限数据渔业种群。

### 1.3.4　应用可靠内禀增长率先验信息和 CPUE 改进 OCOM 模型

由于近年来有部分种群的 CPUE 数据逐渐可得,本书首次使用基于贝叶斯层次误差模型计算得到的内禀增长率取值范围和可获得的 CPUE 数据来改进 Zhou 等[1]提出的被广泛使用的最优化仅捕获方法,并且分析 CPUE 不同时间序列长度对 OCOM 结果的影响。本书使用从 RAM 遗留库存评估数据库提取的生物学参数和通过拟合生物量动力学模型 (biological dynamic model，BDM) 得到的生物参考点参数作为基准，与我们改进的 OCOM 方法的结果进行比较，并且将改进 OCOM 模型与联合国粮农组织提出的针对有限数据渔业种群评估的 sraplus 种群评估框架中的模型进行比较。

## 1.4　研究内容

　　本书以海洋渔业资源可持续发展为理念，以渔业生物统计学为理论基础，专注于有限数据渔业种群资源评估理论、方法和技术。基于荟萃分析收集、汇编了有限数据渔业种群的生活史参数数据集，首次应用统计学习中基于树的集成模型通过生活史参数估计鱼类的自然死亡率。并且，首次将鱼类种群的内禀增长率与生活史参数联系起来，以使那些只有简单生活史参数数据的鱼类种群也可以获得内禀增长率信息。使用本书中通过贝叶斯层次变量误差模型计算得到的内禀增长率后验分布，结合近年来部分种群可获得的 CPUE 数据改进目前被广泛使用的 OCOM 种群状态评估模型。并且对已有的 5 种针对有限数据鱼类种群状态评估的仅捕获方法进行分析对比，分析其在不同情形下的效果，以为有限数据鱼类种群状态评估提供科学指导依据，促进有限数据鱼类种群资源保护，为实现海洋渔业资源可持续发展做出贡献。本书共分为七章。

　　第 1 章是有限数据渔业种群资源评估的研究背景与意义。主要介绍本书的研究背景、研究意义、主要研究内容、创新点以及本书的研究思路和框架。

　　第 2 章是国内外研究现状及综述。通过文献情报分析方法，分析了国内外有限数据渔业种群资源评估与管理的研究现状，包括文献产出与总体趋势、主要研究机构及作者和主要研究主题与研究热点。并对鱼类种群自然死亡率、内禀增长率和有限数据渔业种群状态评估方法相关的文献进行了梳理和综述。

第 3 章是基于集成模型的鱼类自然死亡率评估。通过整理分析方法从各种已有文献、报告等资料中搜集了 256 个鱼类种群的相关数据,包括自然死亡率(M)和三个生活史参数:最大年龄($T_{max}$)、生长系数($K$)和渐近长度($L_{inf}$)。使用统计学习中基于树的集成模型进行鱼类自然死亡率评估。根据可获得的生活史参数信息构建了三种不同的提升树模型,并建立 R 包可供需求者使用,读者只需输入已有的生活史参数信息就可以得到对应鱼类种群的自然死亡率估计。

第 4 章是基于贝叶斯层次变量误差模型的鱼类内禀增长率评估。通过荟萃分析从各种已有文献、报告资料中获得 162 个渔业种群样本的生活史参数,以及基于 Schaefer 剩余生产模型计算得到的内禀增长率数据。充分考虑鱼类生活史参数本身的测量误差和模型估计误差,构建贝叶斯层次变量误差模型来分析鱼类种群的内禀增长率与生活史参数之间的经验关系,通过偏差信息准则(DIC)选出最优内禀增长率评估模型。并给出了在不同生活史参数情况下的推荐模型,为仅有简单生活史参数的有限数据鱼类种群的内禀增长率估计提供了科学依据。

第 5 章是基于可靠内禀增长率和 CPUE 对 OCOM 模型的改进;是在第四章的结果基础上,结合近年来部分种群可获得的 CPUE 数据对被广泛应用的 OCOM 模型进行改进。使用基于生活史参数与内禀增长率之间的经验关系估计的内禀增长率分布信息作为 OCOM 模型的输入,并且在原始 OCOM 模型中加入 CPUE 信息,改进原始 OCOM 模型。通过 RAMLD 数据库中的种群数据和两组真值验证了改进 OCOM 模型的有效性。

第 6 章是对现有针对有限数据渔业种群状态评估的仅捕获方法的比较。由于现有的仅捕获方法对于同一种群状态评估结果往往存在很大差异,本章对改进 OCOM 模型、目前被广泛使用的 CMSY[2] 和 sraplus[3] 方法进行比较,并分析各种方法的适用场景,以为渔业资源评估学者和渔业资源管理者提供针对有限数据渔业资源评估的科学参考依据。

第 7 章是总结和展望。主要对本书研究成果进行总结,对存在的不足和尚需进一步研究的问题进行探讨。

## 1.5　研究框架

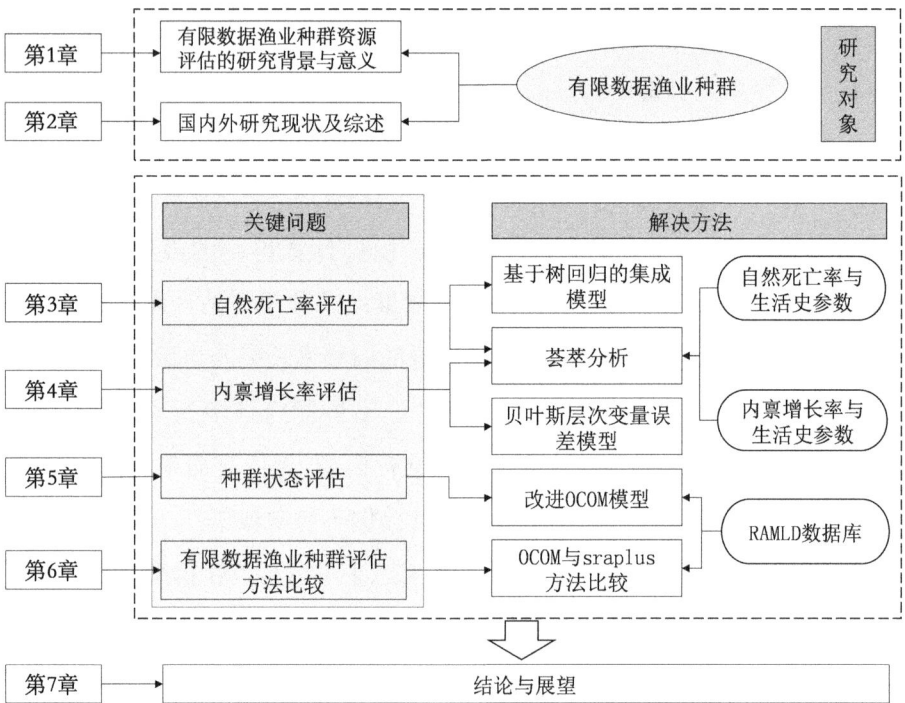

**图 1-3　研究框架图**

# 第 2 章

## 国内外研究现状及综述

　　渔业资源评估与管理对维系其可持续发展至关重要。在这一领域，传统评估方法依赖完整数据，成本高，使得多数渔业种群尤其是有限数据的种群缺乏有效评估。进入 21 世纪，全球渔业资源过度捕捞问题凸显，有限数据渔业资源的评估与管理愈发受到关注。从文献产出看，相关研究虽逐年增多，但整体仍处于起步阶段，国际上发达国家在此方面领先，国内研究也已起步但尚需深入。研究涉及多个关键方面，如渔业种群自然死亡率评估，其估计方法分直接、间接两类，间接估计虽能用于有限数据种群，但准确性有待提升，且需考虑鱼类种群类别差异。内禀增长率评估同样重要，虽有多种估算方法，但对于有限数据渔业种群，准确估计仍颇具挑战，建立其与生活史参数的可靠关系意义重大。此外，有限数据渔业种群状态评估常用仅捕获方法，虽不断改进，但仍存在对某些先验信息敏感、参数估计不确定性大等问题。总之，全球渔业资源管理面临诸多挑战，有限数据渔业资源评估各方面研究尚待完善，如何实现其可持续发展是亟待解决的关键问题，这也正是本章将深入探讨的内容。

## 2.1　有限数据渔业资源评估与管理研究现状

　　渔业资源评估是开展渔业资源管理、维系渔业资源可持续发展的基础工作。传统的渔业资源评估方法需要完整的调查统计数据，数据收集和分析成本较高[14, 15]，因此，人们主要专注于那些具有较高经济价值的种群。据不完全统计,全球仅有不足 1% 的渔业种群存在完整的资源评估结果[9]。大多数渔业种群资源由于其种群规模较小、经济价值较低而缺乏调查数据,没有经过系统的资源评估。近年来,随着全球海洋渔业资源过度捕捞情况日益严重,人们越来越关注海洋渔业资源的科学评估,保护与管理,尤其是有限数据(data-limited)渔业资源的科学评估与管理日益成为学术界关注的焦点。

### 2.1.1 文献产出与总体趋势

以 Web of Science 核心合集数据库为基础数据源,以 "fishery assessment" 为主题进行检索,检索时间截至 2020 年 9 月 3 日,共检索到相关主题英文文献 7 745 篇。关于渔业资源评估的文献在 2010 年之前都很少,每年发文量都小于 300 篇。而在 2010 年之后,关于渔业资源评估的文献呈现出明显的快速增加趋势,2019 年关于渔业资源评估的文献超过 700 篇(见图 2 - 1)。这说明联合国在 2010 年制定的《生物多样性战略计划(2010—2020 年)》在促进全球海洋渔业资源保护中起到了一定作用,并且促进了全球海洋渔业资源评估、保护与管理的学术研究进程。

然而,当我们以 Web of Science 核心合集数据库为基础数据源,以 "data-limited fishery assessment" OR "data-poor fishery assessment" 为主题进行检索(检索时间截至 2020 年 9 月 3 日),仅得到 337 条关于有限数据渔业资源评估的文献。相比于 7 745 篇关于 "fishery assessment" 的文献,当前,全球关于有限数据渔业资源评估与管理的研究还非常少,这说明,关于有限数据渔业资源评估与管理的研究才处于起步阶段,有待全球科学家探索和发展。2004 年起,才逐渐出现关于有限数据渔业资源评估的文献,且在这之后文献数量呈现出逐步上升趋势。但是,直到 2019 年,关于有限数据渔业资源评估的文献才达到 59 篇。有趣的是,同全球渔业资源评估相关研究一样,关于有限数据渔业资源评估的研究也是在 2010 年之后才出现迅速增长的现象。这说明自从 2010 年之后,随着联合国提出各项全球生物多样性保护倡议和政策,全球渔业资源,尤其是有限数据渔业资源的评估和保护开始得到越来越多人们的关注。

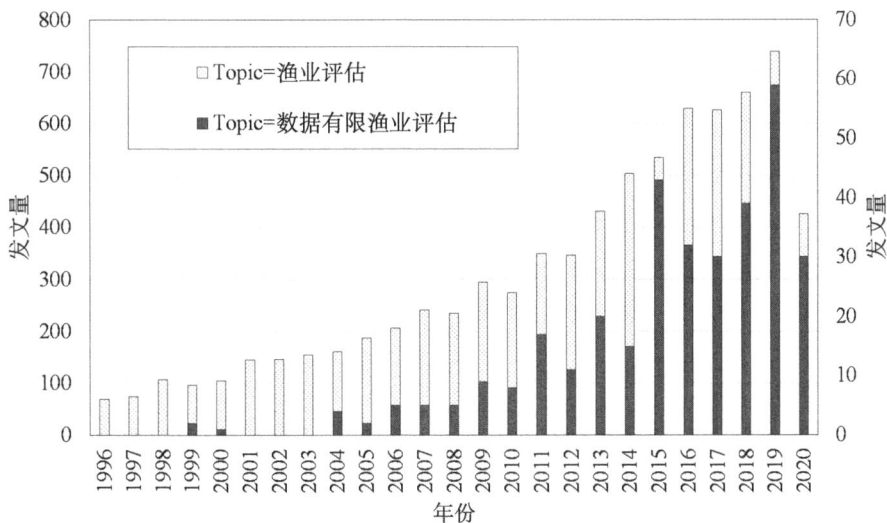

图 2-1　年度文献发表数量

注:所有检索数据来自 Web of Science 核心合集,检索时间截至 2020 年 9 月 3 日。

我们以"有限数据渔业"为主题词,在中国知网 CNKI 数据库进行检索,不限时间,不限文献类型,得到的关于有限数据渔业资源的文献只有 6 篇,其中期刊文献 5 篇、会议论文 1 篇。中国水产科学研究院刘尊雷等[16]在 2016 年的中国水产学会学术年会上首次提出基于有限数据的东海区小黄鱼资源评估及管理,才正式提起中国学者关于有限数据渔业资源评估的关注。因此,相比于国际发达国家和地区,中国的海洋渔业资源管理中对于有限数据渔业资源评估与管理之路才刚刚起步,还有待渔业资源管理的相关单位、机构、专家学者进行深入探索和研究。

### 2.1.2　主要研究机构及作者

从研究机构(见图 2-2)和研究国家/区域(见图 2-3)来看,发文量最多的机构都在欧美、澳大利亚等发达国家和地区。这说明当前发达国家对于海洋渔业资源保护的意识和行动要远远超过发展中国家和地区。
这主要因为美国、欧盟与非欧盟国家挪威、日本和韩国等主要海洋国家早
在 1994 年《联合国海洋法公约》正式生效之前,就已经面临渔业资源过度
捕捞的问题。为了促进海洋渔业可持续发展,他们不得不采取一系列治
理措施,并进行相关研究。中国等发展中国家和地区,可以借鉴国际上主
要海洋渔业强国的成功经验来完善本国的海洋渔业资源治理,完善海洋
渔业资源调查评估和捕捞许可等制度,解决近年来出现的近海渔业资源
面临的过度捕捞问题。

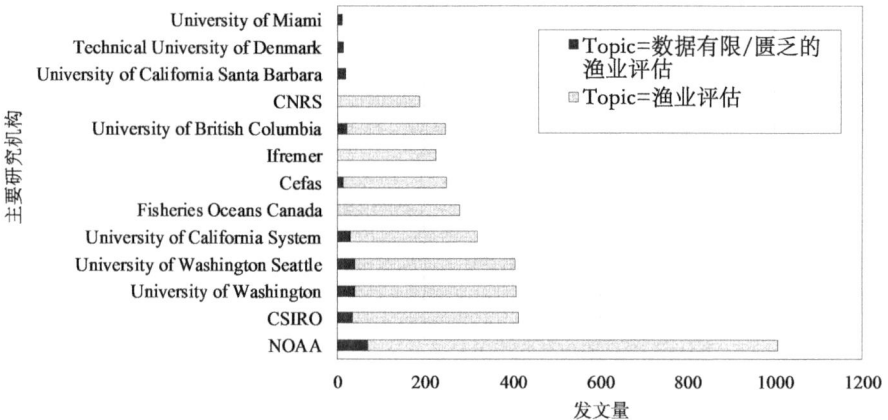

图 2 - 2　渔业资源评估领域主要研究机构

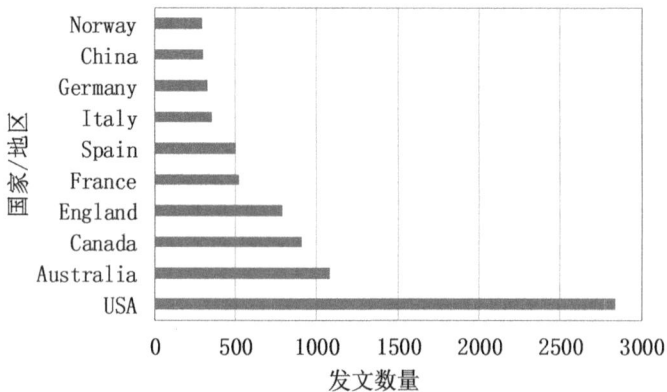

(a) Topic=渔业评估

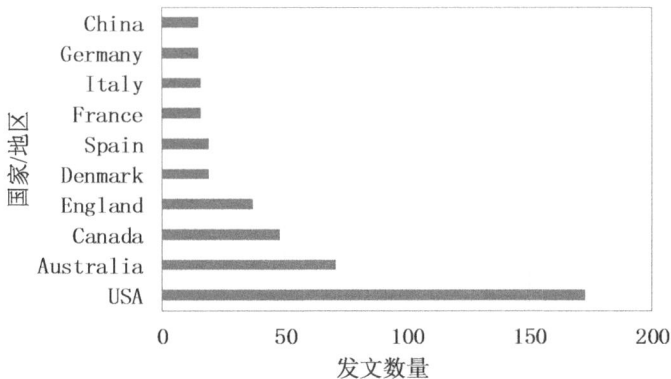

（b）Topic＝数据有限/匮乏的渔业评估

**图 2 - 3　渔业资源评估领域主要研究国家/地区**

从单独的研究者来看，渔业资源评估领域的主要专家学者们，如 Punt、Thorson、Smith 等都开始关注有限数据渔业资源评估和管理相关的研究。但是从发文量排名前十五的作者来看，目前还没有中国的渔业科学家在有限数据渔业资源评估方面做出突出贡献。

从中国知网 CNKI 数据库的检索结果来看，目前只有中国水产科学研究院、中国海洋大学和上海海洋大学的学者们关注和研究有限数据渔业资源评估与管理。主要以中国水产科学研究院东海水产研究所的刘尊雷和中国水产科学院南海研究所的史登福、陈作志等为学科带头人。尽管我国紧跟联合国制定的各种相关渔业资源保护政策，但是在实际渔业资源治理行动和科学的渔业资源评估方面还只是刚刚开始。相比于国外渔业资源评估的相关研究，国内对于渔业资源的量化研究还很少。

**表 2 - 1　渔业资源评估领域的主要研究者**

| 主题＝fishery assessment | | 主题＝data-limited/data-poor fishery assessment | |
| --- | --- | --- | --- |
| 作者 | 发文数量 | 作者 | 发文数量 |
| Punt AE | 166 | Punt AE | 18 |
| Maunder MN | 64 | Thorson JT | 15 |

（续表）

| 主题＝fishery assessment | | 主题＝data-limited/data-poor fishery assessment | |
| --- | --- | --- | --- |
| 作者 | 发文数量 | 作者 | 发文数量 |
| Thorson JT | 63 | Cope JM | 14 |
| Chen Y | 62 | Dichmont CM | 14 |
| Cooke SJ | 53 | Smith ADM | 12 |
| Jennings S | 47 | Smith DC | 10 |
| Hilborn R | 44 | Zhou SJ | 9 |
| Smith ADM | 43 | Chen Y | 8 |
| Dichmont CM | 39 | Newman SJ | 8 |
| Fulton EA | 35 | Wakefield CB | 8 |
| Hobday AJ | 33 | Griffiths SP | 7 |
| Smith DC | 32 | Haddon M | 7 |
| Link JS | 29 | Nicol SJ | 7 |
| Pauly D | 29 | Williams AJ | 7 |
| Bence JR | 28 | Jensen OP | 6 |

### 2.1.3　研究主题与热点

　　文章的关键词是对文章研究内容的高度凝练，可以直观反映文章的研究主题，因此，在文献情报分析中高频关键词通常被用来识别和描述某个学科领域的研究热点[17, 18]。运用 CiteSpace 软件对样本文献的关键词进行共词分析，从结果中提取词频数排列在前 20 位的关键词作为有限数据渔业研究领域的高频关键词，如表 2－2 所示。

表 2－2　有限数据渔业研究领域的高频关键词统计

| 序号 | 关键词 | 词频 | 中心性 | 序号 | 关键词 | 词频 | 中心性 |
| --- | --- | --- | --- | --- | --- | --- | --- |
| 1 | Management（管理） | 102 | 0.21 | 11 | Population（种群） | 29 | 0.08 |

（续表）

| 序号 | 关键词 | 词频 | 中心性 | 序号 | 关键词 | 词频 | 中心性 |
|---|---|---|---|---|---|---|---|
| 2 | stock assessment（资源评估） | 83 | 0.05 | 12 | data-poor（数据匮乏） | 26 | 0.07 |
| 3 | Mortality（死亡率） | 43 | 0.13 | 13 | Sustainability（可持续） | 25 | 0.07 |
| 4 | Growth（增长） | 42 | 0.07 | 14 | Abundance（丰富度） | 22 | 0.09 |
| 5 | reference point（参考点） | 34 | 0.07 | 15 | Bycatch（副渔获物） | 21 | 0.08 |
| 6 | Catch（捕捞量） | 33 | 0.03 | 16 | Model（模型） | 21 | 0.03 |
| 7 | Performance（表现） | 32 | 0.04 | 17 | Uncertainty（不确定性） | 19 | 0.07 |
| 8 | Age（年龄） | 30 | 0.05 | 18 | Impact（影响） | 18 | 0.02 |
| 9 | Conservation（保护） | 30 | 0.08 | 19 | data-limited（数据有限） | 17 | 0.01 |
| 10 | natural mortality（自然死亡率） | 30 | 0.04 | 20 | Community（社区） | 17 | 0.02 |

通过分析高频关键词发现,管理（management）被使用 102 次,资源评估（stock assessment）被作为关键词使用次数为 83 次,死亡率（mortality）被使用 43 次,增长（growth）被使用 42 次,参考点（reference point）被使用 34 次。以上关键词是有限数据渔业领域被引次数最多的前五位关键词,被引次数均在 30 次以上,具有较高的中介中心性。

图 2-4 是有限数据渔业研究领域关键词的共现图谱,通过圆圈的大小可以基本判断出现频率最高的关键词及其相关性。从关键词共现图谱中可以看出,管理（management）、资源评估（stock assessment）、死亡率（mortality）、增长（growth）、参考点（reference point）是出现频次最高的关键词。关键词共现图谱可以将关键词之间的关系可视化,更为直观、清

晰地了解关键词之间的关联情况。

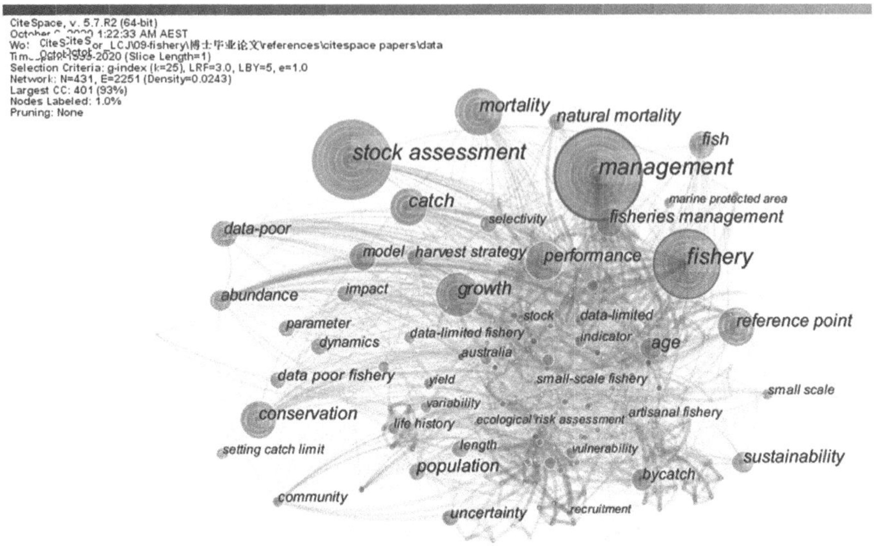

**图 2‑4　有限数据渔业资源研究领域关键词共现图谱**

　　根据高频关键词分析结果,本书主要对有限数据渔业资源领域的自然死亡率估计、内禀增长率估计、生物参考点以及种群状态评估方法进行研究,以期为有限数据渔业资源管理提供科学依据。

## 2.2　渔业种群自然死亡率评估

　　渔业种群自然死亡率估计方法通常被分为两类:直接估计和间接估计(经验估计)[19, 20]。直接估计方法包括测量未开发种群的总死亡率并将其与捕捞量联系起来进而得到种群自然死亡率的方法[21]、标记重捕法[21, 22]、遥感测量技术[23-25],以及在种群综合评估模型内部估计鱼类自然死亡率的方法[26]。使用的这些直接估计方法往往是数据密集型的,这就限制了它们只能被应用于数据相对丰富的种群中。然而,目前世界上大多数渔业种群都缺乏完整的生物学特征数据以及捕捞统计数据。为了得到这些有限数据渔业种群的自然死亡率,近年来学者们开发了一系列间接估计方法,通过鱼类其他较容易获得的生活史参数来估计其自然死亡率,如表 2-3 所示。

根据模型中所使用的生活史参数,可以将这些模型分四类:①仅基于最大年龄 $T_{max}$ 的模型[13, 27-32];②基于 von Bertalanffy 增长系数 $K$ 的模型,这类模型中有时也会将温度 $T$ 或者重量 $W$ 作为一个预测变量[33-38];③基于增长系数 $K$ 和渐进长度 $L_{inf}$ 的模型,在这类模型中,有的模型也会包含水温 $T$ 作为预测变量[13, 38-41];④基于增长系数 $K$ 和最大年龄 $T_{max}$ 的模型[42, 43]。

尽管这些经验估计模型可以为有限数据渔业种群提供自然死亡率估计,但是,这些经验估计模型的结果总是不如标记重捕和遥感技术等直接估计方法的结果那么准确[25]。这主要是因为自然死亡率 $M$ 与各生活史参数之间的关系的基本形式往往是未知的,将其假设为特定的数学函数形式并不能完全概括它们之间的关系。此外,生活史参数本身就存在一定的测量误差[25, 44],例如,Kenchington 等[31]检查了 30 个已有的经验估计模型,发现没有一个模型能够对所有种群的 $M$ 提供准确的估计,有几个模型甚至表现极差,是没有实际应用价值的。

另外一个严重的问题是,已有研究主要是针对硬骨鱼自然死亡率的评估,很少有对软骨鱼自然死亡率的估计[45-49]。这主要是因为软骨鱼的数据更难获得。但是,Frisk 等[50]早已发现软骨鱼类自然死亡率与生活史参数之间的关系与其他种群存在显著差异。Then 等[13]对四种主要的经验估计方法的预测能力进行了比较和排序,最后推荐了两种更新的非线性估计模型:Hoenig$_{nls}$ 模型($M_{est} = 4.899\, t_{max}^{-0.916}$)和 Pauly$_{nls-T}$ 模型($M_{est} = 8.87 K^{0.73} L_{\infty}^{-0.33}$)。他们使用了大约 200 个种群样本,然而其中仅有 4 个软骨鱼样本,还不到 2%,其余都是硬骨鱼样本。然而,当我们将这两个模型应用于我们新汇编的数据集上时发现,两个模型都明显高估了软骨鱼的自然死亡率。因此,为了更准确地估计有限数据渔业种群的自然死亡率,我们不能忽视鱼类种群之间的类别差异,不能将基于硬骨鱼数据建立的模型直接应用于软骨鱼自然死亡率评估。应该在自然死亡率估计模型中充分考虑鱼类种群的类别差异,构建更精细的模型。

表 2-3　现有自然死亡率经验估计模型

| 参数 | 模型 | 拟合方法 | 文献 |
|---|---|---|---|
| $T_{\max}$ | $M = a/T_{\max}$ | nls | Tanaka(1960),Bayliff(1967),Ohsumi(1979),Kenchington(2014) |
| | $\log(M) = a + b\log(T_{\max})$ | ls | Hoenig(1983) |
| | $M = aT_{\max}^{\,b}$ | nls | Then(2015) |
| $K$ | $M = aK$ | ls | Beverton(1963),Charnov(1993),Jensen(1996) |
| $K,T$ 或者 $K,T,W$ | $M = a + bK$ | ls | Ralston(1987),Jensen(2001) |
| | $\log(M) = a\log(K) + b\log(T)$ | ls | Jensen(2001) |
| | $\log(M) = a + b\log(W) + c\log(K) + d\log(T)$ | ls | Pauly(1980) |
| $K,L_{\inf}$ 或者 $K,L_{\inf},T$ | $\log(M) = a + b\log(K) + c\log(L_{\inf})$ | ls | Gislason(2010),Then(2015) |
| | $\log(M) = a + b\log(K) + c\log(L_{\inf}) + d\log(T)$ | ls | Pauly(1980) |
| | $M = aK^{b}L_{\inf}^{\,c}$ | nls | Then(2015) |
| | $M = aK^{b}L_{\inf}^{\,c}T^{d}$ | nls | Then(2015) |
| $K,T_{\max}$ | $M = 3K/(\mathrm{e}^{aKT_{\max}} - 1)$ | nls | Alverson 和 Carney(1975),Zhang 和 Megrey(2006) |

注:ls=最小二乘拟合(least squares);nls=非线性最小二乘拟合(non-linear least squares);$M$=自然死亡率;$T_{\max}$=最大年龄;$K$=von Bertalanffy 增长系数;$W$=重量;$L_{\inf}$=渐进体长;$T$=环境温度。

## 2.3　渔业种群内禀增长率评估

种群的内禀增长率是人口生物学和生态学领域最基本的参数之一。内禀增长率也被称为"最大人口增长率"或"马尔萨斯参数",它表示在没有种群密度限制的情况下,一个种群在达到稳定年龄组成时的人口增长率[51-53]。内禀增长率能够衡量最大繁殖量[53]、鱼类种群开发的复原能力[54]以及枯竭种群的恢复力和恢复速度[55]。但是,对于大多数数据贫乏的鱼类种群,内禀增长率往往是未知的,且很难获得。显然,对于有限数据渔业种群,可靠的内禀增长率估计在渔业资源管理和可持续发展中具有重要的科学和实践意义。

在过去几十年里,渔业科学家已经发明了很多实验或者理论方法来估计鱼类种群的内禀增长率[56-61]。其中生命表矩阵和 Euler-Lotka 方程是最早被提出并且被广泛使用的内禀增长率估计方法,尤其是在那些具有可靠的按年龄划分的存活率和繁殖力的渔业种群中[52,60,62]。然而,Gedamke 等[63]认为在没有额外信息的情况下,生命表矩阵和 Euler-Lotka 方程都无法准确估计鱼类种群的内禀增长率。Cailliet[64]指出,事实上我们是无法确定鱼类种群内禀增长率估计值的准确性的,因为内禀增长率通常是无法观察到的一个假定值。此外,与哺乳动物和软骨鱼不同,无脊椎动物和硬骨鱼是无法使用生命表矩阵或者 Euler-Lotka 方程来估计其内禀增长率的,因为它们的繁殖能力和早期的存活率变化很大。

对于有限数据渔业种群,或许可以根据数据丰富的渔业种群已经得到的内禀增长率数据,通过构建内禀增长率 $r$ 与较容易获得的生活史参数之间的经验关系来解决这一问题。因为,已经有研究表明鱼类的内禀增长率受生物学特征的影响,特别是存活率、生长率、寿命、繁殖能力、体长和首次成熟年龄等[50,65,66]。例如,Fenchel[67]发现内禀增长率与体型大小存在强烈的反比例关系,内禀增长率随着体形的增大而减小。

Jennings 等[68]对东北大西洋 18 种集约化鱼类进行研究,发现内禀增长率与鱼类种群在成熟期的长度和首次成熟期的年龄具有很强的相关性。Frisk 等[50]和 Denney 等[55]发现体形较大、生长缓慢的种群,其种群招募率和单位产卵率都比较低。尽管这些经验关系方法也受到很多批评或产生争论,例如,Froese 和 Binohlan[69]认为多产硬骨鱼类的内禀增长率与繁殖力之间不存在显著的经验关系。但是,内禀增长率是很难被准确估计的,尤其是对于有限数据渔业种群。因此,建立内禀增长率与生活史参数之间的可靠关系可以帮助改善大量未评估鱼类种群的渔业资源管理和保护。

在渔业资源研究中,最常用的估算内禀增长率的方法是 Schaefer 剩余生产模型,该方法通过拟合渔获量和丰度指数数据的时间序列来估计鱼类种群的内禀增长率[59, 70]。这种方法的优点在于它使用观察到的时间序列数据,不需要生命历史信息。虽然剩余生产模型在某些变量(例如生物依赖参考点)估计中表现不佳,但是它已经被证明是估计平均内禀增长率以及未开发种群的种群状态的一种非常有用的方法[71]。基于剩余生产模型,Ricker 提出一种内禀增长率与最大可持续产量处捕捞死亡率之间的经验关系,他认为 $r = 2F_{MSY} = 2M$。其中,$r = 2F_{MSY}$ 是 Schaefer 剩余生产模型的结果,而 $F_{MSY} = M$ 是一个经验近似法则[1]。尽管这一经验法则的准确性还有待商榷,但基于经验数据直接估计内禀增长率与自然死亡率 $M$ 或者其他生活史参数之间的关系将非常有助于有限数据渔业种群的内禀增长率估计,能帮助渔业资源管理人员更有效地保护有限数据渔业种群资源。

## 2.4　有限数据渔业种群状态评估

仅捕获方法(Catch-only methods,COMs)长期以来被广泛应用于有限数据渔业种群的生物参考点和种群状态评估,因为捕捞量(catch)是世界上大多数鱼类种群最广泛可获得的渔业统计数据[1]。

自从 Kimura 和 Tagart 等[72, 73]最早提出渔获量减少分析(stock reduction analysis,SRA)方法估计生物参考点以来,针对有限数据渔业种群状态评估的仅捕获方法引起了众多学者的研究兴趣。SRA 是一种非常简单的方法,不像基于年龄结构的方法那样需要年龄数据,能够灵活地整合不同来源的信息并检查它们的一致性[74]。因此,学者们提出了各种 SRA 方法来估计有限数据渔业种群的种群状态,如蒙特卡罗 SRA 方法[75]和基于种群耗竭率的 SRA 方法[76]等。尽管 SRA 是估计有限数据渔业种群状态的一种简单而有效的方法,但它不能提供最大可持续产量(maximum sustainable yields,MSY)等非常重要的参数信息。因此,Martell 和 Froese[77]提出了基于 SRA 的 catch_MSY 方法,以便将数据有限的种群纳入渔业种群的 MSY 管理计划。这种仅捕获方法需要捕捞量时间序列、内禀增长率($r$)和种群承载能力($K$)的先验信息,以及时间序列最初和最后几年相对种群大小的范围。后来,Froese 等[2]采用蒙特卡罗方法改进了已有的 catch_MSY 方法,该方法被广泛应用于有限数据渔业种群的种群状态估计[78-80]。

然而,一些研究表明仅捕获方法关于内禀增长率 $r$ 和种群承载能力 $K$ 的先验信息非常敏感[81, 82]。因此,Zhou 等[1]提出一种最优化仅捕获方法(optimized catch-only assessment method,OCOM)来进行有限数据渔业种群状态评估,通过$F_{MSY}$与 $M$ 时间的经验关系给出内禀增长率的先验信息,而不是基于捕获趋势的种群耗竭随机方法[83, 84],并且对 14 个使用种群综合评估的澳大利亚鱼类种群进行测试,发现 OCOM 的结果与种群综合评估方法得到的结果基本一致[85]。OCOM 方法已经被印度金枪鱼委员会应用于金枪鱼种群状态评估[86-88]。

目前常用的有限数据渔业种群状态评估方法基本可归纳为表 2-4 所示的 5 种方法。然而,正如 Free 等[89]指出的,目前还没有哪一种仅捕获方法能够准确地估计所有种群和所有参数,而且这些方法对种群参考点的具体参数估计存在很大不确定性。因此,对于有限数据渔业种群,如何改进现有的仅捕获方法或开发新的种群参考点估计和种群状态评估方法已经成为亟须解决的问题。

表 2-4　常用的有限数据渔业种群状态评估方法

| 方法 | 文献 | 估计参数 |
| --- | --- | --- |
| Catch-MSY | (Martell and Froese, 2013) | $r, K, MSY$ |
| CMSY | (Froese et al., 2017) | $r, K, MSY$ |
| OCOM | (Zhou et al., 2018) | $r, K, F_{MSY}, MSY, S$ |
| SPiCT | (Pedersen and Berg, 2017) | $B_t, F_t, B_{MSY}, F_{MSY}, B/B_{MSY}, F/F_{MSY}$ |
| Sraplus package | (FAO, 2019) | $r, K, B/B_{MSY}, MSY, d, U/U_{MSY}$ |

注:$K$:种群承载率(carrying capacity);$F_{MSY}$:最大可持续产量处的渔获死亡率(fishing mortality at maximum sustainable yields);MSY:最大可持续产量(maximum sustainable yields);$S$:种群饱和率(stock saturation);$d$:种群耗竭率(depletion,$d=1-S=1-B_y/K$)。

## 2.5　文献综述小结

渔业资源评估是指基于科学调查和渔业捕捞等数据,利用渔业资源评估模型估算渔业种群状态、各种生物学参数和潜在产量,并对产量水平和捕捞水平给出建议的过程。渔业资源评估是渔业资源管理的基础,是渔业管理部门和渔业资源管理者做出决策的主要依据[90, 91]。

在 20 世纪 50 年代以前,渔业资源评估都还是以定性描述为主,20世纪 50 年代后才开始渔业资源评估的定量分析。但是,起初的渔业资源评估定量分析也只是简单的单变量统计模型,逐渐开始有更复杂的多元分析模型,直到近年来有更多更加准确、快捷、方便的新方法和新技术,如统计机器学习等开始被应用于渔业资源评估。

　　然而,目前全球依然有 98%的渔业种群未得到完整的科学评估,尤其是那些处于发展中国家或地区,种群规模较小,经济价值较低而缺乏调查数据的种群。因此,近年来,随着全球渔业资源过度捕捞情况日益严重,针对有限数据渔业种群资源评估的研究成为渔业资源管理领域的关注焦点。目前,国内外对于有限数据渔业资源评估的研究都还处于起步阶段。如何充分、有效地利用有限数据,开发更有效的种群评估模型,对有限数据渔业种群的各种生物学参数,包括自然死亡率、内禀增长率、潜在产量水平和种群状态等给出科学估计,是全球有限数据渔业资源实现可持续发展的关键。

# 第3章

# 基于集成模型的鱼类自然死亡率评估

鱼类的自然死亡率（$M$）往往很难直接测量[13, 92]。因此，人们通常利用其他相对容易测量的生活史参数（如个体体长、最大年龄、成熟年龄等）来估计鱼类的自然死亡率，这种方法被称为"经验估计方法（Empirical methods）"[29, 32, 38]。然而，这些通过其他生活史参数得到自然死亡率的方法被认为并不可靠[25]。为了提高经验估计方法的预测性能和可靠性，本研究使用基于回归树的集成模型，包括装袋树、随机森林和提升树来估计鱼类自然死亡率。三个最易获得的生活史参数，最大年龄（$T_{max}$）、生长系数（$K$）和渐近长度（$L_{inf}$）被用作预测变量。此外，该研究考虑鱼的不同种类对自然死亡率的影响，区分了硬骨鱼和软骨鱼，在模型中还加入了分类变量。结果表明，与传统的统计回归模型和回归树模型相比，基于树的集成学习模型能显著提高自然死亡率估计的精度。在集成学习模型中，提升树和随机森林在训练数据集上表现基本一致，但是提升树模型比随机森林在测试机上的预测效果更好。我们开发了四种基于不同生活史参数估计自然死亡率的提升树模型，并制作了一个 R 包以方便读者对新种群的自然死亡率进行估计。

## 3.1　数据来源

为了探索有限数据渔业种群的自然死亡率与各种生活史参数之间的关系，提高有限数据渔业种群自然死亡率估计的准确性，我们从各种公开发表的文献、报告以及未发表文献(如 work papers)中搜集相关数据,进行无分析(meta-analysis)。我们感兴趣的参数主要包括通过直接估计方法获得的自然死亡率($M$)和相关的三个生活史参数:最大年龄($T_{\max}$)、生长系数($K$)和渐近长度($L_{\inf}$)。

已有关于 $M$ 估计的研究中,有少量文献也将水温($T$)也作为预测变量之一[38]。但是,Gislason 等[39]和 Then 等[13]指出温度与自然死亡率之间的关系是非常微弱的,可以忽略不计,他们的模型中都没有把水温作为预测变量来估计 $M$。因此,我们的研究中也没有把水温作为预测变量,而是专注于 $M$ 与生活史参数之间的关系。

在仔细检查并确认相关文献中 $M$ 的来源、估计方法、估计值之后,我们最终获得 256 个样本数据。其中,有 196 个样本来自 Then 等编译的 $M$ 与生活史参数数据集[13]。他们的数据也是根据更早的关于鱼类自然死亡率估计的文献中所使用的数据汇编而成,包括 Pauly[38]、Hoenig[32] 和 Gislason 等[39]研究中所使用的数据。另外 60 个样本数据是软骨鱼数据,从近几年已发表的相关文献中收集获得。我们仔细检查了文献中估计 $M$ 所用的方法,确保所有 $M$ 估计值都是通过直接估计方法所获得的。全部 256 个样本包括硬骨鱼和软骨鱼两个纲(class)、28 个目(order)、70 个科(family)和 223 个种群(species),具体数据集见附录 1。

本研究使用的这 256 个数据既包括商业渔业种群,也包括非商业渔业种群。所有的数据都是根据以下准则来搜集的:

我们只使用独立估计的 $M$,例如,通过标记重捕法[93]、遥感技术[23]、种群动态模型[94, 95]或者领域观察[96]等直接估计方法所获得的 $M$ 值。那些已经通过生活史参数,如年龄等估计所得的 $M$,比如用 Hoenig[97]所提出的方法估计得到的 $M$ 值并不包含在该研究所汇编的数据集中。

已有数据集中无法确定是使用直接估计方法获得的 $M$ 值的样本被删除。比如,Then 等所使用的数据集中有 33 个用 * 标记的样本,无法确定他们是否是用直接估计方法所获得的 $M$,所以我们在进行新数据集汇编时删除了这 33 个样本。

如果样本来自轻微开发或者还未被开发的种群,那么采用基于长度的捕获方法[95]和基于年龄的捕获方法[98]所得到的 $M$ 数据也被包含其中。

我们检查并且重新验证了已有文献中用直接估计方法获得的 $M$ 值,排除了一些有明显错误的数据和那些极其少见的种群。例如,Depczynski 等的研究中的小型珊瑚礁鱼(Eviota),自然死亡率高达 $50(\mathrm{yr}^{-1})$;而其他鱼类种群的自然死亡率都小于 $8(\mathrm{yr}^{-1})$。

如果可能的话,所有的生活史参数都尽可能从相同的文献中获得,或者至少来自同一研究地点和同一种群。

并不是所有的样本都包含全部 3 个生活史参数。在我们汇编的 256 个种群中,有 9 个种群没有增长参数 $K$ 和 $L_{\mathrm{inf}}$,有 3 个种群没有最大年龄 $T_{\max}$。然后,这些只包含 1 个或者两个缺失变量的样本仍然可以被应用于回归树模型。与传统的线性回归模型不同,回归树模型能够通过调整信息增益统计量来利用具有缺失变量的样本。当预测变量包含缺失值,缺失数据会被当作预测变量的一个新的值代入计算[99]。

在所有生活史参数中,$T_{\max}$、$K$ 和 $L_{\mathrm{inf}}$ 是最容易且被广泛获得的,它们都与 $M$ 有着显著的相关性[13, 31, 100]。然而,这些生活史参数与 $M$ 之间的非线性关系并不能仅仅使用简单的数学公式来描述。硬骨鱼和软骨鱼的 $M$ 呈现出完全不同的分布特征,而且我们发现,在不同的文献中,相同的生活史参数往往对应着不同的 $M$ 值(图 3-1)。在这种情况下,基于预测变量空间分割的方法,例如,回归树可以有效地预测 $M$ 值。

通常情况下,同一类别的鱼类往往具有相似的生物特征。因此,我们在模型中考虑加入类别变量 class 来区分硬骨鱼和软骨鱼。所以本研究中使用的预测变量共有 4 个:最大年龄($T_{\max}$)、增长系数($K$)、渐进体长($L_{\mathrm{inf}}$)和类别变量(class)。

类别变量　⊶ 软骨鱼　△ 硬骨鱼

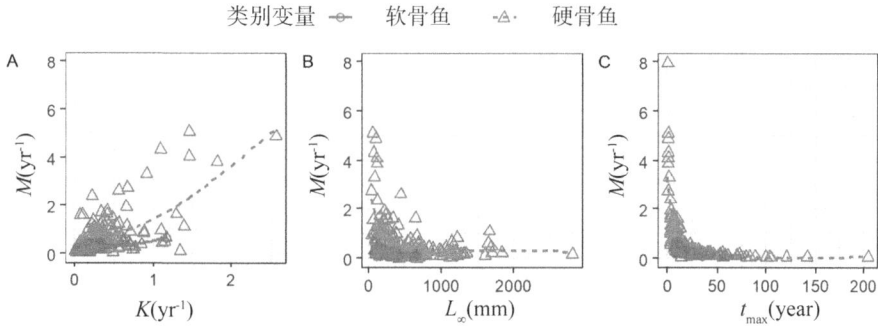

**图 3 - 1　*M* 与各生活史参数之间的散点图**

## 3.2　基于回归树的集成模型

### 3.2.1　回归树

近年来统计学习方法,尤其是基于树的统计学习方法被广泛应用于生物医学[101,102]、生态学[103]等领域,包括渔业资源管理[1,104,105]。其中回归树模型因为其可以同时处理定性和定量数据而无须预处理,且无须预先指定预测变量与响应变量之间关系的具体数学形式等优势而被广泛使用。

分类回归树(Classification and Regression Trees,CART)算法是一种二分类树,它既可以用来解决分类问题,也可以用来解决回归问题。回归树方法主要根据分割的方式,将预测变量空间分割成一系列简单的区域,对某个给定待预测的观测值,用它所属区域中训练集的平均值来进行预测[106]。回归树方法非常适合预测自然死亡率 *M* 这样的数据,是因为:①回归树可以有效地处理各种类型的预测变量,包括稀疏数据、连续数据、分类数据等,而且不需要对它们进行复杂的预处理,无须进行数据转换[107];②回归树也不像传统的统计回归模型那样需要用户事先指定预测变量与响应变量之间的具体关系形式(如线性、多项式、指数等形式)[108]。

尽管回归树方法非常简单、容易实现且易于解释,但是其预测准确性通常要低于传统的统计回归方法,如多项式回归等。因此,为了提升回归树方法对 $M$ 预测的准确性,我们应用装袋树、随机森林和提升树方法来预测 $M$。这三种集成方法都是先建立多棵树,再对这些树综合求平均值产生预测结果。尽管在一定程度上损失了模型的可解释性,有很多研究已经证明,这种集成学习方法相比于传统的统计回归模型可以显著提高模型的预测精度[109]。

### 3.2.2 装袋树(bagging tree)

装袋树的基本思想是使用自助法(bootstrap)[34]从某个单一的训练集中重复抽样,生成多个不同的自助抽样训练集,然后用这些自助抽样训练集拟合模型并求得预测值,最后对所有预测值求平均值,得到最终预测结果[110]。装袋树算法的具体步骤见算法3.1。

---

**算法 3.1 装袋树**

---

1. 在训练数据集上重复以下过程:

for $i=1$ to $B$ do

(a)在训练集上应用 bootstrap 抽样法得到一个自助抽样训练集 $i$;

(b)在此自助抽样训练集上应用 CART 方法训练一棵未经裁剪的树:$\hat{f}^{*i}(x)$;

end

---

2. 输出装袋回归树的预测结果:$\hat{f}_{bag}(x) = 1/B \sum_{i=1}^{B} \hat{f}^{*i}(x)$

---

其中 $i$ 表示第 $i$ 个自助采样的训练集,$B$ 代表生成自助采样训练集的数量,也代表生成的树的棵数。$\hat{f}^{*i}(x)$ 表示根据第 $i$ 个训练样本集得到的预测值。每一棵子树都是未经修剪的树,所以每一棵子树都具有较高的方差和较低的偏差。而当把这些树的预测结果进行平均后,可以降低整体预测结果的方差。通过将数百棵甚至数千棵树合并到一起求均

值,可以显著提高预测的准确率。

### 3.2.3　随机森林(random forest)

随机森林是对装袋树算法的一种改进,它能够对子树做去相关处理。与装袋树类似,随机森林也需要对自助抽样训练集建立一系列决策树,不过,在建立这些子树时,我们每次从全部 $p$ 个预测变量中选取 $k$ 个预测变量作为候选变量来寻找分裂点。换言之,在建立随机森林的过程中,对树上的每一个分裂点来说,算法将一部分可用的预测变量排除在考虑范围外。假设数据集中有一个很强的预测变量和其他一些中等强度的预测变量,那么在装袋树中,大多数甚至所有的树都会将最强的预测变量用于顶部分裂点。这就造成所有的装袋树看起来都很相似,因为装袋树中的预测变量是高度相关的。随机森林通过强迫每个分裂点仅考虑预测变量的一个子集,克服了这一困难。这一过程被认为是对树去相关,这样得到的树的平均值有更小的方差,因而树的可信度也更高。一般情况下,在回归问题中通常取 $k=p/3$。随机森林算法具体步骤见算法 3.2。

---

**算法 3.2 随机森林**

---

(1) 在训练数据集上,重复以下过程:

for $i=1$ to $B$ do

(a)在训练集上应用 bootstrap 抽样法得到一个自助抽样训练集 $i$;

(b)在此自助抽样训练集上训练一棵未经裁剪的树 $\hat{f}^{*i}(x)$:

　　对于每一个分裂点,随机选择 $k(k<p)$ 个预测变量;

　　在这 $k$ 个预测变量中选择最优的预测变量分割数据;

　　使用 CART 方法建立未经裁剪的子树;

end

(2) 输出随机森林回归树的预测结果:$\hat{f}_{rf}(x)=1/B \sum_{i=1}^{B} \hat{f}^{*i}(x)$

---

### 3.2.4 提升树(boosting tree)

在装袋树和随机森林算法中,每一棵树都是利用自助采样数据集来建立的。而提升树中的每一棵树都是顺序(sequentially)生成的,每棵树的构建都需要用到之前生成的树中的信息。提升树中并不包含自助抽样的步骤,每棵树是根据原始数据集的某一修正版本,而非自助抽样训练集生成的。提升树的具体步骤见算法3.3。

在提升树中有三个重要的调整参数。

(1)树的总数 $B$。与装袋法和随机森林不同,如果 $B$ 值过大,提升法可能会出现过拟合现象,不过即使出现过拟合,其进展也很缓慢,一般情况下我们使用交叉验证[111]来选择 $B$。

(2)压缩参数 $\lambda$。压缩参数控制着提升法的学习速度。$\lambda$ 通常取0.01或者0.001,具体值需要视具体问题而定。但是,若 $\lambda$ 的值很小,则需要很大的 $B$ 才能获得良好的预测效果。

(3)每棵树的分裂点数 $d$。它控制着整个提升模型的复杂性。用 $d=1$ 构建模型通常能获得上佳效果,此时每棵树都是一个树桩(stump),仅由一个分裂点构成。更多情况下,$d$ 表示交互深度(interaction depth),它控制着提升模型的交互顺序,因为 $d$ 个分裂点最多包含 $d$ 个变量。

---

**算法 3.3 提升树**

---

(1)对训练集中的种群 $i$,假设 $\hat{f}(x)=0$,且 $r_i=y_i$

(2)计算响应的平均值 $\bar{y}$ 作为每个样本的初始预测值

(3)for $i=1$ to $B$ repeat

(a)对训练集上的数据拟合树 $\hat{f}^{*i}(x)$,分裂 $d$ 次,共有 $d+1$ 个叶子节点;

(b)通过增加一个收缩参数 $\hat{f}(x) \leftarrow \hat{f}(x) + \lambda \hat{f}^{*i}(x)$ 来更新 $\hat{f}(x)$;

---

（c）更新残差 $r_i \leftarrow r_i - \lambda \widehat{f}^{*i}(x)$；

end

（4）Output the boosting trees：$\widehat{f}(x) = \sum_{b=1}^{B} \lambda \widehat{f}^{*i}(x)$

### 3.2.5　建模过程

我们随机选择 75% 的数据作为训练集（training set），25% 的原始数据作为测试集（test set）。在模型训练过程中，我们使用 10 倍交叉验证方法（ten-fold cross-validation）[112, 113] 重复 10 次来进行模型参数调优和选择，然后将训练的模型应用于测试集进行模型比较。通过三种模型评价指标选出最优的模型。一旦最优模型被选定，我们使用该模型来预测新种群的 $M$。所有模型都是应用 R 语言中的 caret 包[114] 计算所得。Caret包是一个继承了多种统计学习预测模型的包，使用者可以自由选择相应的统计学习模型并且方便地进行参数调优。

基于树的方法需要调节各种参数来获得最优预测结果。例如，每一种集成方法中树的棵数 $B$，随机森林中在每一个分裂点选择过程中使用的预测变量的个数 $k$，提升树中代表学习速率的压缩参数 $\lambda$，以及控制树的复杂性和叶子节点数目的交互深度参数 $d$。随机森林中每个分割中考虑的树的数量和预测器的数量可以通过十倍交叉验证自动确定。在boosting 树中，对于我们的数据集，我们构建了一个调优参数网格，其中交互深度从 1 到 10，树的数量从 50 到 5 000，收缩从 0.001 到 0.01，树的终端节点的最小观测数量从 1 到 3。通过使用 10 次重复的交叉验证技术，可以从这些数组中选择最佳的调优参数。

### 3.2.6　模型评价指标

我们使用了 3 个常用的模型评价指标来进行模型比较和选择，包括平均绝对误差（Mean Absolute Error，MAE）、均方根误差（Root Mean Square Error，RMSE）和平均相对误差绝对值（Mean Absolute Relative Error，MARE）。具体计算公式为：

$$MAE = 1/n \sum_{i=1}^{n} | M_{obs,i} - M_{est,i} | \qquad (3-1)$$

$$RMSE = \sqrt{1/n \sum_{i=1}^{n} (M_{obs,i} - M_{est,i})^2} \qquad (3-2)$$

$$MARE = mean | (M_{obs,i} - M_{est,i})/M_{obs,i} | \qquad (3-3)$$

其中，$M_{obs,i}$是样本$i$的自然死亡率$M$的观察值，$M_{est,i}$是样本$i$的自然死亡率$M$的预测值。

## 3.3 结果

### 3.3.1 回归树模型解释

首先我们用一个简单的例子对回归树模型的结果进行解释。图 3-2 是使用所有数据构建的一棵回归树。它由一系列分裂规则组成，从树的顶部开始，预测空间被划分为 9 个区域，所以该回归树有 9 个叶子节点。每个叶子节点上的数字表示落在这个区域的观测的响应的平均值。

由图 3-2 可知，在 4 个预测变量中，$T_{max}$是决定 $M$ 的最主要因素，$T_{max}$越大，$M$ 越小，反之亦然。当种群的 $T_{max}$ 较低时（$T_{max}$<3.5），分类变量 class 对 $M$ 的预测结果贡献不大。当分类变量 class 对 $M$ 的预测具有一定影响时，可以发现软骨鱼（class=1）的平均自然死亡率要小于硬骨鱼（class=0）的平均自然死亡率。因此，当预测变量 $T_{max}$ 对响应变量 $M$ 的影响取决于分类变量 class 时，该回归树模型也体现出了 $T_{max}$ 与 class 之间的交互作用。其他变量之间的相互作用以同样的方式呈现。树的层次结构保证了预测变量之间的交互影响可以被自动纳入建模过程[115]。与 $T_{max}$不同的是，$K$ 和 $L_{inf}$ 的值越大，种群的自然死亡率 $M$ 也越高。尽管这样的回归树模型易于解释，有一个很好的图形表示，但图 3-2 只是对

自然死亡率 $M$ 与 3 个生活史参数之间真实关系的一种简化,并不能给出
$M$ 的准确预测结果。因此,接下来我们使用基于回归树的 3 种集成模型
来进行 $M$ 的预测,集成模型的基础都是回归树。

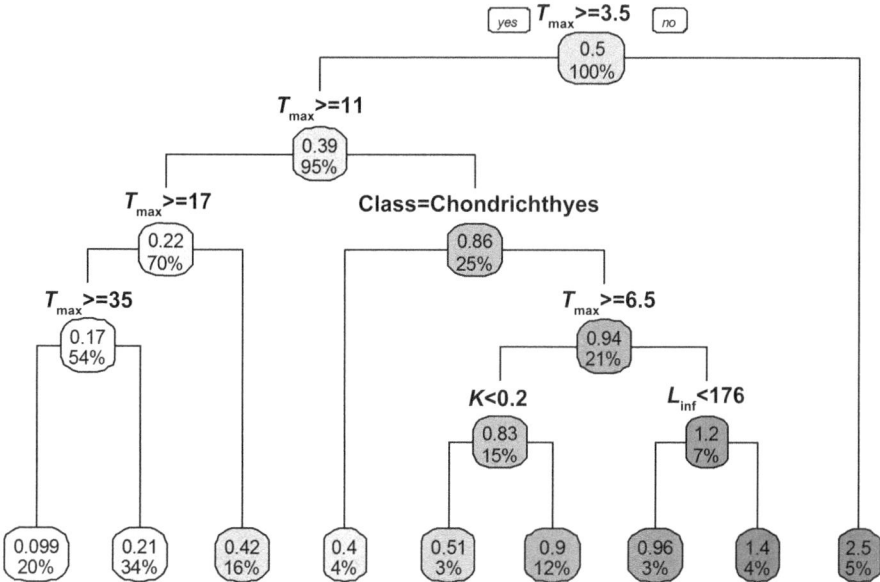

图 3 - 2　基本回归树模型

注:对于每一个分裂点,方框中第一行的数字表示 $M$ 的预测值,第二行数据表示划分在
这一区域中的样本占样本总量的百分比。

### 3.3.2　模型训练

在统计学习研究中,通常需要先在训练数据集上拟合模型。我们分
别使用 4 种模型在训练数据集上拟合模型。图 3 - 3 是这 4 种模型在训
练数据集上 10 倍交叉验证的结果。不论根据 MAE、RMSE 还是 MARE
来看,三种集成模型的预测结果都优于基本的回归树模型。提升树为表
现最好的模型,接下来是随机森林。尽管装袋树比基本的回归树模型表
现好一点儿,但是相比于提升树和随机森林,装袋树的预测结果还是差了
很多。

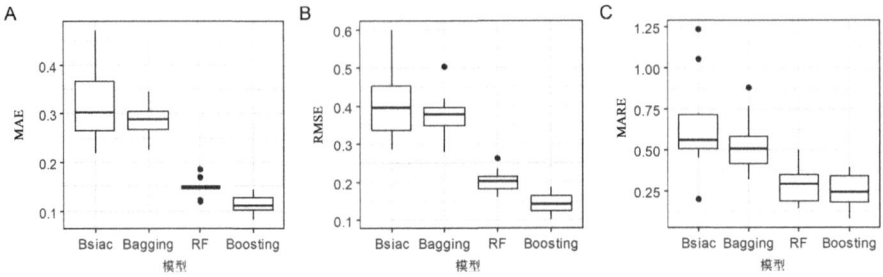

**图 3 - 3 训练集上模型预测结果比较**

注：basic，即基本回归树模型（basic regression tree）；bagging，即装袋树（bagging trees）；RF，即随机森林（random forests）；boosting，即提升树（boosting trees）。

### 3.3.3 模型测试

表 3 - 1 给出了 4 种模型在测试集上的预测结果。在测试集上，最优模型依然是提升树，排名第二的是随机森林，第三是装袋树。不管从哪种模型评价指标来看，提升树都比随机森林略好。残差图检验结果也表明提升树在 4 种模型中表现最佳（见图 3 - 4）。

**表 3 - 1 模型在测试集上的预测性能比较**

| 模型 | 模型评价指标 | | |
| --- | --- | --- | --- |
| | MAE | RMSE | MARE |
| 回归树 | 0.32 533 | 0.41 155 | 0.65 378 |
| 装袋树 | 0.28 750 | 0.37 698 | 0.53 369 |
| 随机森林 | 0.14 910 | 0.20 346 | 0.28 572 |
| 提升树 | 0.11 286 | 0.14 407 | 0.24 686 |

注：MAE，即平均绝对误差（Mean Absolute Error）；RMSE，即均方根误差（Root Mean Square Error）；MARE，即平均绝对相对误差（Mean Absolute Relative Error）。

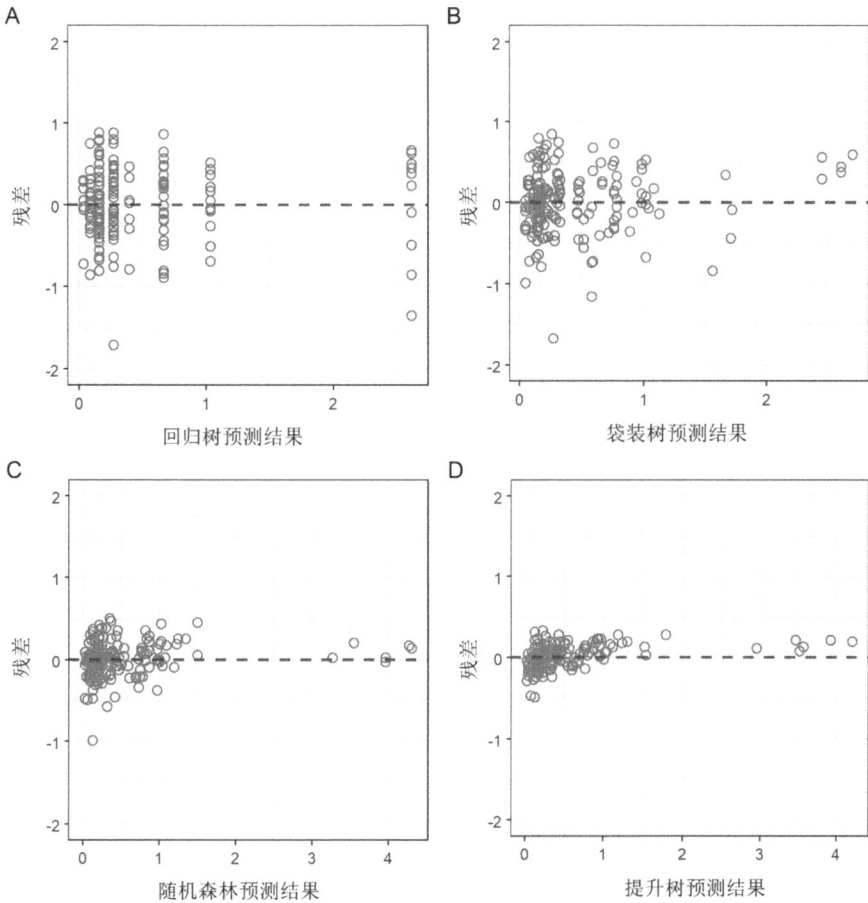

图 3-4　4 种模型在测试集上的残差检验图

### 3.3.4　全数据集上的模型比较

根据 3.3.3 的结果可知,提升树模型在鱼类自然死亡率估计中表现最好。因此,我们将提升树模型的预测结果与 Then 等[13] 推荐的传统统计回归模型在全数据集上进行比较。这里依然使用十倍交叉验证的结果作为模型的测试误差。此外,考虑预测变量的可得性,我们建立了 4 种情况下的提升树模型,如表 3-2 所示。依然使用 RMSE、MAE 和 MARE 作为模型评价指标。

当模型中只包含一个生活史参数 $T_{max}$ 时,BRT1 模型比 Hoenig(nls)模型表现更好。当有两个生活史参数 $K$ 和 $L_{inf}$ 包含于模型中时,BRT2模型比 Pauly(nls-T)模型表现好。而且,与 Pauly(nls-T)不同,即使在 $M$ 的值较大时,BRT2 模型也能很好地预测 $M$。包含了全部生活史参数的提升树模型 BRT3 明显优于仅包含一个生活史参数的 BRT1 模型。从残差检验结果(见图 3 - 5)来看,BRT3 模型也是最好的模型,残差值都在 $\pm 0.5$ 之内。

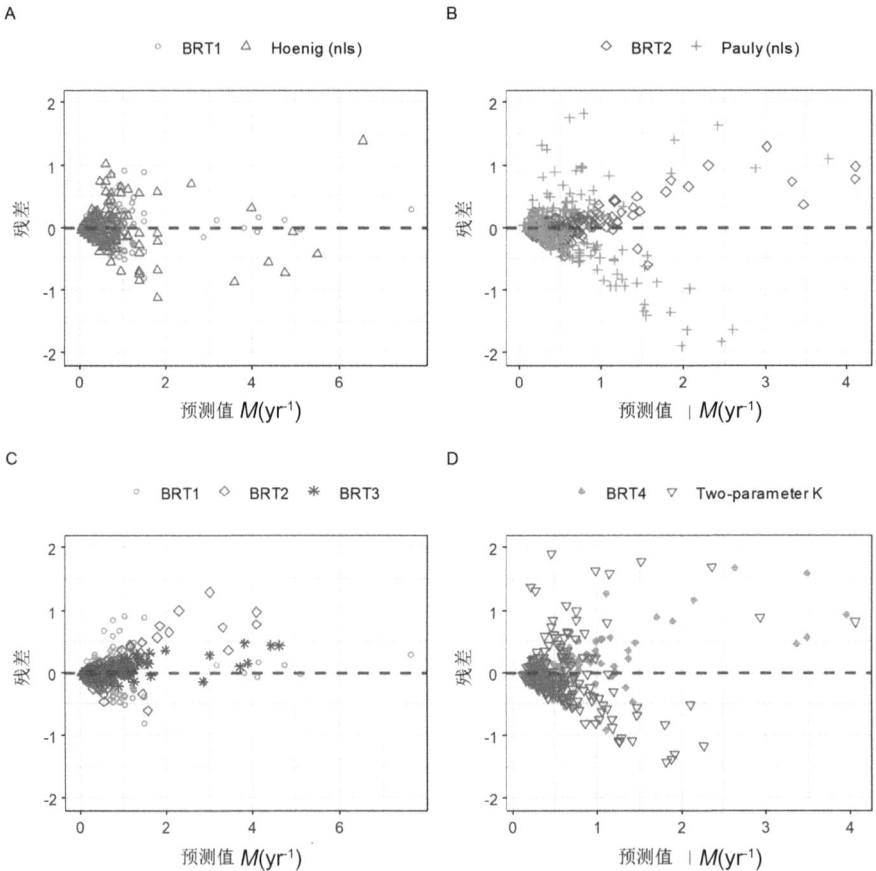

**图 3 - 5　提升树模型与传统统计回归模型的残差检验结果比较**

注:BRT1 为基于 $T_{max}$ 和 class 的提升树模型;BRT2 为基于 $K$、$L_{inf}$ 和 class 的提升树模型;BRT3 为基于 $T_{max}$、$K$、$L_{inf}$ 和 class 的提升树模型;BRT4 为基于 $K$ 和 class 的提升树模型。

尽管 Then 等推荐使用 Hoenig(nls)和 Pauly(nls-T)模型来估计鱼类的自然死亡率[34],我们发现,事实上,只包含增长系 $K$ 的两参数线性回归模型与 Pauly(nls-T)模型的结果基本一致。但是,同样只包含增长系数 $K$ 的提升树模型(BRT2)的预测准确性远远高于 Then 等文章中提出的基于 $K$ 的传统统计回归模型。此外,对比提升树模型 BRT2 和 BRT4 可知,在只有渐进长度 $L_{inf}$ 的提升树模型中加入增长系数 $K$ 可以显著提高自然死亡率的预测准确性。同样地,对比提升树模型 BRT3 和 BRT2 可知,在仅包含生活史参数 $K$ 和 $L_{inf}$ 的提升树模型 BRT2 中加入最大年龄 $T_{max}$,也可以显著提高提升树模型对于 $M$ 的预测准确性(见表 3 - 2)。

表 3 - 2　全数据集上模型预测性能比较

| 模型 | 预测变量 | 模型预测性能评价指标 | | |
|---|---|---|---|---|
| | | MAE | RMSE | MARE |
| BRT1 | $T_{max}$,class | 0.10665 | 0.18640 | 0.25020 |
| Hoenig$_{nls}$ | $T_{max}$ | 0.16942 | 0.25973 | 0.37875 |
| BRT2 | $K$,$L_\infty$,class | 0.12315 | 0.19638 | 0.23830 |
| Pauly$_{nls-T}$ | $K$,$L_\infty$ | 0.35066 | 0.54028 | 0.59875 |
| BRT3 | $T_{max}$,$K$,$L_\infty$,class | 0.05790 | 0.08662 | 0.13779 |
| BRT4 | $K$,class | 0.17321 | 0.27182 | 0.36590 |
| Two-parameter $K$ | $K$ | 0.35506 | 0.54681 | 0.67822 |

注:MAE,即平均绝对误差(Mean Absolute Error);RMSE,即均方根误差(Root Mean Square Error);MARE,即平均绝对误差相对误差(Mean Absolute Relative Error)。

### 3.3.5　最优模型

最后,我们进一步研究了在全数据集上表现最优提升树模型的具体特征。根据识别交叉验证的结果得到最优提升树模型的最佳参数,如表 3 - 3 所示。

表 3－3　通过交叉验证得到的最佳提升树模型参数

| 模型 | 预测变量 | 调节参数 | | |
| --- | --- | --- | --- | --- |
| | | B | $\lambda$ | $d$ |
| BRT1 | $T_{\max}$,class | 3900 | 0.001 | 45 |
| BRT2 | $K$,$L_\infty$,class | 1900 | 0.001 | 45 |
| BRT3 | $T_{\max}$,$K$,$L_\infty$,class | 2700 | 0.001 | 45 |

注：BRT1＝包含 $T_{\max}$ 和 class 的提升树模型；BRT2＝包含 $K$，$L_\infty$ 和 class 的提升树模型；BRT3＝包含 $T_{\max}$，$K$，$L_\infty$ 和 class 的提升树模型；B＝树的棵数；$\lambda$＝收缩参数；$d$＝树的深度；N＝叶子节点处包含的观测值的最小个数。

图 3－6 给出了每个预测变量在自然死亡率估计模型中的重要性。在回归树中，变量的重要性是根据残差平方和（RSS $= \sum\limits_{j=1}^{J} (M_{\mathrm{obs},j} - M_{\mathrm{est},j})^2$）来计算的。其中，$J$ 代表预测空间中的观测值的数量。在提升树中，依次记录给定预测变量作为分裂变量时 RSS 减少值，并对所有树进行平均，就得到该变量在整个提升树模型中的重要性。使 RSS 减少越多的变量越重要。

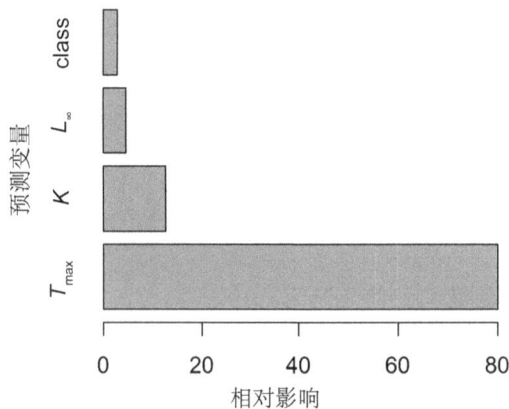

图 3－6　提升树模型中 4 个预测变量的相对重要性

由图 3-7 可知,在 $M$ 预测中最重要的变量是 $T_{max}$,接下来是 $K$。尽管分类变量 class 相比于其他预测变量似乎并没有显著的影响,但是其生物学意义是明显的,在相同的生活史参数下,软骨鱼要比硬骨鱼的自然死亡率低 $0.02(\text{yr}^{-1})$。

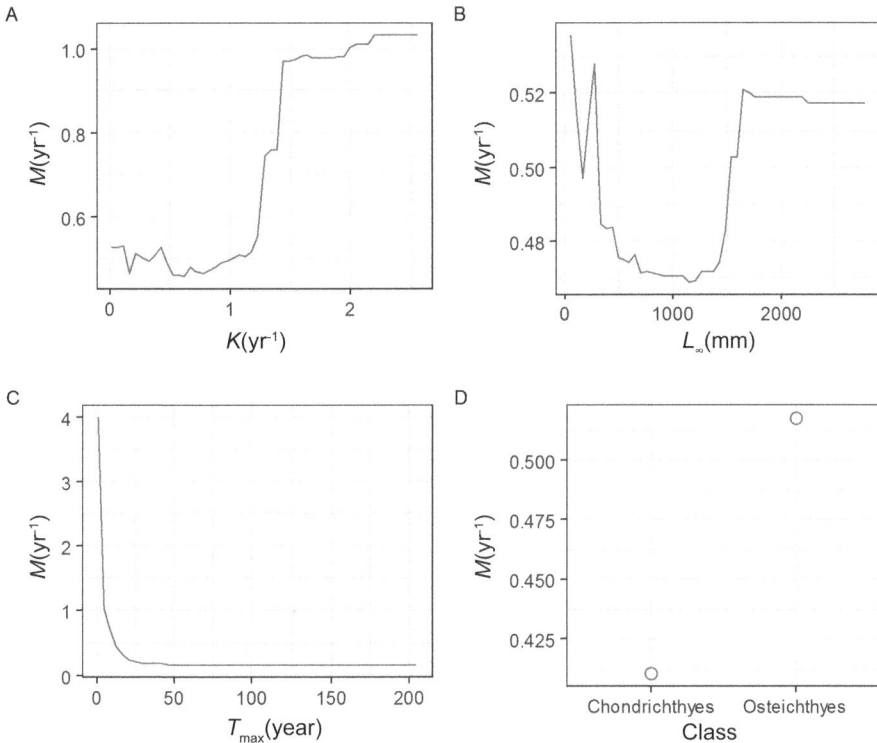

图 3-7　自然死亡率 M 对各预测变量的部分依赖图

与单棵回归树模型相比,集成学习方法缺乏直观的可解释性,但是部分依赖图(pdp)能够在一定程度上刻画每个预测变量对模型的影响(见图 3-7)。图 3-7 显示了所选变量对相应变量 $M$ 的边际效应。部分依赖图的波动率表明,响应变量 $M$ 对该范围内预测变量的变化是非常敏感的,尤其是对预测变量 $K$ 和 $L_{inf}$ 的变化非常敏感。图 3-7 中较平缓的线段表示在此范围内响应变量 $M$ 比较稳定,例如,当 $T_{max} < 30$ 时,$M$ 随着

$T_{max}$ 的增大而迅速减小;而当 $T_{max}$＞30 时,$T_{max}$ 对于 $M$ 的影响似乎并不显著。预测变量 $K$ 和 $L_{inf}$ 的部分依赖图表现出明显的非线性和分段特征,这主要是由于软骨鱼的 $K$ 和 $L_{inf}$ 的值在其范围内分布不均,与 $M$ 的关系存在显著差异。例如,当 $K$＞1.3 时,$M$ 对 $K$ 的依赖性从 0.5 增加到 0.9。这主要是因为在硬骨鱼中,$M$ 对 $K$ 的部分依赖性要高于软骨鱼。部分依赖图的结果与图 3-1 散点图的结果基本一致。当 $L_{inf}$＜1000 mm 时,$M$ 的预测值随着 $L_{inf}$ 的增大而减小。当 $1000<L_{inf}<1500$ mm 时,$M$ 对 $L_{inf}$ 的依赖性随着 $L_{inf}$ 的增大而增大,这主要是因为数据比较少,且大部分是硬骨鱼。图 3-7(D)表明软骨鱼的自然死亡率总体上低于硬骨鱼的自然死亡率。

### 3.3.6 应用最优模型估计新种群的自然死亡率

为了方便用户使用提升树模型对新种群的自然死亡率进行估计,我们开发了一个 R 包供用户使用。R 包的下载、安装和使用示例见附录 2。为了验证本书中所提出模型在 $M$ 预测中的准确性,我们对 Hamel 和 Shelley 研究中所用的 6 个种群的自然死亡率进行估计。其中包括 3 个硬骨鱼种群、3 个软骨鱼种群:English sole(Parophrys vetulus),rex sole (Glyptocephalus zachirus), Petrale sole(Eospetta jordani);Blue shark (Prionace glauca), Shortfin mako shark ( Isurus oxyrinchus ), and Oceanic whitetip shark(Carcharhinus longimanus)(见表 3-4)。尽管已有文献中的 $M$ 可能不一定是使用直接估计方法得到的可靠估计,但是至少能够作为参考。

表 3-4 不同模型对 6 个新种群自然死亡率估计值的比较

| 种群 | 预测变量 | | | | $M_1$ | $M_2$ | | $M_3$ | | |
|---|---|---|---|---|---|---|---|---|---|---|
| | $T_{max}$ | $K$ | $L_\infty$ | class | $M_{lit}$ | Hoenig$_{nls}$ | Pauly$_{nls\text{-}T}$ | BRT1 | BRT2 | BRT3 |
| PV | 23 | 0.36 | 40.56 | 0 | 0.307 | 0.277 | 0.580 | 0.276 | 0.569 | 0.237 |

（续表）

| 种群 | 预测变量 | | | | $M_1$ | $M_2$ | | | $M_3$ | |
| --- | --- | --- | --- | --- | --- | --- | --- | --- | --- | --- |
| | $T_{max}$ | $K$ | $L_\infty$ | class | $M_{lit}$ | Hoenig$_{nls}$ | Pauly$_{nls\text{-}T}$ | BRT1 | BRT2 | BRT3 |
| GZ | 29 | 0.39 | 41.82 | 0 | 0.261 | 0.224 | 0.609 | 0.183 | 0.563 | 0.153 |
| EJ | 32 | 0.16 | 54.31 | 0 | 0.177 | 0.205 | 0.291 | 0.172 | 0.203 | 0.196 |
| PG | 15.5 | 0.142 | 327.4 | 1 | 0.273 | 0.398 | 0.316 | 0.194 | 0.238 | 0.242 |
| IO | 30.5 | 0.098 | 248.9 | 1 | 0.132 | 0.214 | 0.264 | 0.138 | 0.155 | 0.126 |
| CL | 21 | 0.095 | 262.6 | 1 | 0.180 | 0.301 | 0.253 | 0.156 | 0.153 | 0.138 |

注：PV（Parophrys vetulus）；GZ（Glyptocephalus zachirus）；EJ（Eopsetta jordani）；PG（Prionace glauca）；IO（Isurus oxyrinchu）；CL（Carcharhinus longimanus）；$M_1$（已有文献中自然死亡率估计值）；$M_2$［Then（2015）推荐方法估计的自然死亡率］；$M_3$（本书提升树模型给出的自然死亡率估计值）。

我们创建的 R 包名称为"Mestiamte"，其中的主要函数"Mestiamte"用来进行自然死亡率估计。在对新种群的自然死亡率估计时，函数 Mestimate 需要至少一个生活史参数且要知道该种群的类别是硬骨鱼还是软骨鱼。该 R 包中共提供了 3 种基于不同生活史参数的提升树模型。用户可以根据已有的生活史参数选择不同的模型来进行自然死亡率估计。当某一种群只有 $T_{max}$ 数据时，可以使用 BRT1；当只有 $K$ 和 $L_{inf}$ 可得时，可以使用 BRT2 模型；而当所有三个生活史参数都可得时，我们推荐使用 BRT3 模型。通常情况下，包含三个生活史参数的模型对 $M$ 估计结果更可靠。

表 3-4 中 6 个种群的估计结果表明 BRT1 和 BRT3 结果相似，然而，BRT2 模型和 Pauly（nls-T）模型对硬骨鱼的自然死亡率的估计值要比其他两种提升树模型的估计值更大一些。

## 3.4　讨论与分析

在很多鱼类种群动态模型中，自然死亡率都被认为是一个非常重要但是量化程度很差的参数。此外,现有的关于 $M$ 的经验估计方法几乎都是基于硬骨鱼和软骨鱼的混合数据,忽略了这两种鱼自然死亡率之间的差别。在此研究中,我们汇编了一个新的数据集,包含 60 个软骨鱼样本和 196 个硬骨鱼样本。结果表明,基于树的回归方法可以有效地同时估计两类鱼的自然死亡率,而不需要像传统统计回归模型那样在模型中引入虚拟变量。更重要的是,与被广泛使用的 Then 等提出的传统回归模型相比,基于树的集成学习模型可以显著提高自然死亡率的预测精度。在集成学习中,提升树和随机森林是两个最好的模型,提升树要比随机森林表现更好一些。

尽管已经有很多使用生活史参数来估计有限数据鱼类的自然死亡率的研究[33, 49],但是,据我们所知,本研究是第一个使用集成学习模型来估计鱼类自然死亡率的研究。本书与其他文献中使用的传统的统计回归模型的主要区别是:①基于树的回归模型不需要在预测变量和响应变量之间指定确切的数学公式(事实上,复杂的生物、生理和生态过程是很难仅仅用一个简单的数学公式来概括的);②传统的统计回归模型往往要求自变量之间不存在强共线性[34]。而提升树模型不需要这样的假设,因为每一棵树的建立是基于贪婪算法的,在构建树的每个阶段都意图找到局部最优,所以冗余特性不会被添加到模型[116]。

本书中的集成模型仅包含了分类变量 class,但值得注意的是,更精细的分类级别,比如目(order)、科(family)等,都可以包含在模型中,以提高预测的准确性。由于我们的数据集仅包含 256 个种群,涉及 28 个 order 和 70 个科,每个 order 和分 family 的样本数量都较少,有的甚至为个位数,因此,这些模型的参考价值有限,这里不做讨论。

本书的结果与 Then 的研究结果一致,表明最大年龄 $T_{max}$ 是所有生活史参数中对 $M$ 影响最大的变量。渐进长度 $L_{inf}$ 在 $M$ 估计中影响很小。因此,当渐进长度 $L_{inf}$ 缺失时,只包含两个预测变量($K$ 和 class)的提升树模型与基于三个预测变量($K$、$L_{inf}$ 和 class)的模型具有相同的效果。

　　尽管本书给出的提升树模型能够很好地估计自然死亡率 $M$，但是这些模型只产生回归树终端节点观测值的平均值[106]。或许，结合回归树与传统的线性回归模型，在树的叶子节点使用一个简单的线性回归模型来替代均值会得出更好的预测结果。此外，在使用树模型进行预测时，如果对一个新的种群进行 $M$ 估计，目前模型只能给出响应值的点估计，而不能给出点估计周围的不确定性。我们可以使用模型的交叉验证误差作为响应值的估计误差。例如，表 3 - 2 中模型交叉验证的 RMSE 可以作为预测值的近似偏差。由于提升树模型是按顺序构建的，每棵树都是在前一棵树的基础上建立的，当数据集很大时，提升树模型的构建可能比随机森林和装袋树需要更长的时间。

　　统计学习模型，包括集成模型的结果往往都依赖于训练数据。本研究中应用的数据，无论是来自已有数据集，还是从文献中单独搜集的数据，都可能包含很高的不确定性。我们无法得到鱼类生活史参数的精确值。Zhou 等[117]对太平洋鲨鱼的生活史参数进行检查，发现其生活史参数具有高度的变异性。尤其是很多鱼类的最大年龄往往被低估。因为这一参数往往是从一个已经被捕捞多年的种群中观察或者估计得到的，种群中很少包含年龄非常大的鱼。而且，捕鱼过程往往是经过筛选的，比如，使用不同的拖网捕获的鱼群大小会有差异。在硬骨鱼中，最大年龄 $T_{max}$ 通常是从身体坚硬的部位（如鳞片或者耳石）获得。鱼早期不规则的生长模式或者原基附近的结构吸收可能会导致人们获取错误的信息[118, 119]。软骨鱼的年龄测量比硬骨鱼更加困难，因为软骨鱼没有较大的石灰质耳石（calcareous otoliths），通常只能使用脊椎来估计软骨鱼的生长和年龄[120]。近期有研究表明被广泛应用于鲨鱼和鳐鱼年龄测量的方法——计算钙化结构上的生长区域，可能会大大低估它们的真实年龄[47, 120]。如果软骨鱼的最大年龄真的被低估了，那么图 3 - 7 中的结果可能会有所改变。此外，所有经验估计方法都将 $M$ 视为一个特定种群的常数,但事实上自然死亡率很少是固定不变的,因此,当我们有新的数据集时,需要对本书给出的集成学习模型进行更新。

此外,需要注意的是,尽管在大多资源评估模型中,自然死亡率通常被假设为常数,但实际上自然死亡率受鱼类年龄、本身资源丰度、捕食者数量、饵料丰度和自然环境等因素的影响而变化[121]。当有限数据渔业种群有更多数据可获得时,应该考虑其动态变化特征,对其进行更精细的估计。

# 第4章
## 基于贝叶斯层次误差模型的内禀增长率估计

种群的内禀增长率(intrinsic rate of population growth,$r$)是了解种群动态和渔业资源可持续性的关键参数之一。渔业种群的内禀增长率估计一直是种群评估和渔业资源管理的热点问题。然而,要得到鱼类种群内禀增长率的准确估计是很困难的,尤其是对于有限数据种群。本研究通过 meta-analysis,从各种已有文献资料中获得 162 个渔业种群样本(包括鱼类和无脊椎动物)基于 Schaefer 剩余生产模型得到的内禀增长率数据,使用贝叶斯层次变量误差模型(Bayesian hierarchical error-in-variable models,BHEIVMs)构建内禀增长率与生活史参数(Life history parameters,LHPs)之间的经验关系。该模型不仅包含了鱼类生活史参数本身的误差,也包含了模型估计的过程误差项。结果表明:在所有生活史参数中,最大年龄($T_{max}$)对 $r$ 的影响最大,其次是自然死亡率 $M$。当模型中已经有 $T_{max}$ 和 $M$ 时,再加入其他生活史参数似乎对 $r$ 的估计结果并没有太大影响。基于 $T_{max}$ 的最佳模型为:$r=4.553/T_{max}$(无脊椎动物,invertebrate)、$r=2.663/T_{max}$(软骨鱼,elasmobranch)、$r=5.752/T_{max}$(硬骨鱼,teleost)。基于 $M$ 的最佳模型为:$r=2.036M$(无脊椎动物,invertebrate)、$r=0.661M$(软骨鱼,elasmobranch)、$r=1.736M$(硬骨鱼,teleost)。本研究的结果可以用于确定 $r$ 的先验信息,并应用于各种渔业种群评估模型,以提高渔业种群状态评估的可靠性,尤其是对于那些仅有简单的生活史参数的有限数据渔业种群。

## 4.1　数据来源

本研究所使用的数据涵盖多个地理区域和多个渔业种群,共有 162 个样本,可分为 3 个种类:无脊椎动物(invertebrate)、软骨鱼(elasmobranch)和硬骨鱼(teleost)。为了确保数据的一致性和完整性,所有 162 个样本的内禀增长率全部来自 Schaefer 剩余生产模型。其中部分种群的内禀增长率数据来自已有文献、报告等中的 Schaefer 剩余生产模型的估计值。还有部分种群的内禀增长率数据来源于 RAM 种群评估数据库(RAM Legacy Database,https://www.ramlegacy.org/)。特定种群的生活史参数数据,包括自然死亡率 $M(\mathrm{yr}^{-1})$、von Bertalanffy 生长率 $K(\mathrm{yr}^{-1})$、渐近长度 $L_{\mathrm{inf}}(\mathrm{mm})$、最大年龄 $T_{\mathrm{max}}(\mathrm{yr})$、成熟年龄和长度 $T_{\mathrm{mat}}(\mathrm{yr})$ 和 $L_{\mathrm{mat}}(\mathrm{mm})$,都尽可能从提供 $r$ 估计的同一文献中获取。当原始文献中没有 LHPs 时,我们从 FishBase 数据库(http://www.fishbase.org)和 SeaLifeBase 数据库(http://www.sealifebase.org)中获得查找获得。虽然从这些数据库中提取的生活史参数值对于特定物种可能是不准确的,但总体来说它们的平均值是接近的。

对于有限数据渔业种群来说,自然死亡率 $M$ 本身是很难直接获得的。已有文献中大部分的 $M$ 也都是通过其他较易获得的生活史参数得到的。因此,在该研究中我们考虑生活史参数中包含和不会包含自然死亡率两种情况进行建模,来探索内禀增长率和生活参数之间的关系。

## 4.2　贝叶斯层次误差模型

### 4.2.1　模型建立

已有研究表明鱼类生活史参数,例如,$M$,$T_{\mathrm{max}}$,$T_{\mathrm{mat}}$,$L_{\mathrm{mat}}$,$K$ 和 $L_{\mathrm{inf}}$ 等都很难得到准确估计,尤其是自然死亡率[25]。因此,在研究内禀增长

率与生活史参数之间的关系时,传统的统计回归模型似乎不适用于该研究。因为在传统的统计回归模型中往往只考虑响应变量的误差,假定预测变量是已经被准确测量的,或者假定观察是无误差的。但是,即使在大样本中,忽略预测变量的测量误差也会导致模型参数估计出现偏差[122]。为了更准确地估计鱼类的内禀增长率,我们使用变量误差模型(the error-in-variable model,EIV)将生活史参数的测量误差纳入模型中[70, 123]。变量误差模型也被称为测量误差模型(measurement-error model),它能够解释自变量的测量误差。因此,我们综合贝叶斯层次回归模型和变量误差模型构建了贝叶斯层次误差模型来探索内禀增长率与生活史参数之间的关系。贝叶斯层次模型避免了参数级的先验信息要求,同时允许在所有组之间共享信息[61, 124, 125]。这对于样本量较小的数据极为有利,可以通过潜在的超先验分布从数据丰富的组中借用信息。假设 $y_i$ 是种群 $i$ 的某个预测变量 $x_i$ 的真实值,那么变量误差模型可表示为

$$y_i = x_i \exp(\varepsilon_i) \tag{4-1}$$

其中 $\varepsilon_i$ 是均值为 0 方差为 $\sigma_{\epsilon,x}^2$ 的正态分布。在建模过程中我们使用 $y_i$ 的对数正态分布形式以避免产生负值[61]。因此,内禀增长率估计的层次误差模型可以表示为

$$r_i = \beta_{y,g} y_i + e_{i,g} = \beta_{x,g} x_i \exp(\varepsilon_i) + e_{i,g} \tag{4-2}$$

其中,$x_i$ 代表种群 $i$ 的生活史参数协变量,$\beta_{y,g}$ 是预测变量 $x$ 在 $g$ 组种群上的回归系数。模型式(4-2)中还包含一个附加的过程误差项(process error),过程误差 $e_{i,g}$ 是一个均值为 0、方差为 $\sigma_e^2$ 的随机元素。本研究中我们假设内禀增长率模型是无截距模型,因为从生物学角度来说,当生活史参数为 0 时,内禀增长率也等于 0。

图 4-1 表明不同类别种群的内禀增长率与各生活史参数之间的关系具有显著不同的分布特征。因此,在接下来的建模过程中,我们也考虑种群类别对内禀增长率与生活史参数之间关系的影响,将分组变量 Group 包含在模型中。

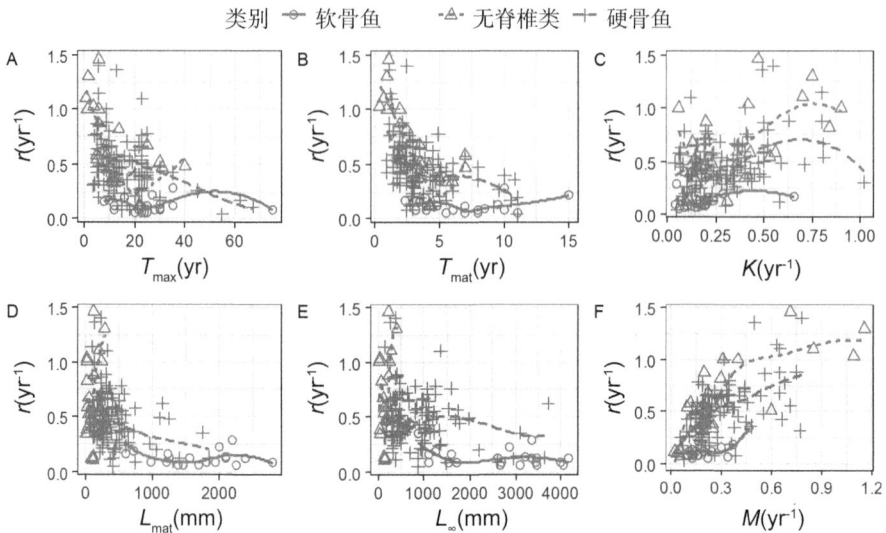

图 4-1　内禀增长率与各生活史参数之间的散点图

首先,我们建立内禀增长率与各个生活史参数之间的单参数模型,如式(4-3),研究各个生活史参数与内禀增长率的相关性。

$$r \sim f(\text{LHP}, \text{Group}) \tag{4-3}$$

其中,LHP 是 6 个生活史参数之一,Group 是类别变量,共包含 3 个值:Group＝1 代表无脊椎动物,Group＝2 代表软骨鱼,Group＝3 代表硬骨鱼。

为了准确估计内禀增长率,我们进一步建立内禀增长率与生活参数之间的多元变量误差模型,如式(4-4)。

$$r \sim f(\text{LHPs}, \text{Group}) \tag{4-4}$$

其中,LHP 代表两个或者两个以上的生活史参数。多元变量误差模型是单变量误差模型的可加形式。

在式(4-4)所示的单变量模型中,我们测试了内禀增长率与生活史参数之间多种不同的关系形式,包括线性、非线性(幂函数和反比例函数)以及混合模型来找到各个生活史参数与内禀增长率之间的最佳关系形式。

### 4.2.2　参数设置

模型参数估计使用 WinBUGUs 1.4 软件,以及 R 语言中的 R2WinBUGs 包。在使用 WinBGUs 进行贝叶斯参数估计时需要指定所有未知参数的先验分布,如表 4 - 1 所示。一般情况下,回归系数 $\beta_{x,g}$ 使用正态分布,超先验均值 $\mu_{\beta_x}$ 服从均值为 0 方差为 100 的正态分布,超先验方差服从逆伽马分布,测量误差和过程误差的方差都服从参数为(0.01, 0.01)的逆伽马分布。

表 4 - 1　贝叶斯层次误差模型中的先验和超先验参数假设

| 参数 | 意义 | 分布 |
|---|---|---|
| $\mu_{\beta_x}$ | 超先验均值 | Normal(0, 100) |
| $\sigma_{\beta_x}^2$ | 超先验方差 | Inverse gamma(0.5,0.01) |
| $\beta_{x,g}$ | 回归系数 | Normal($\mu_{\beta_{x,g}}$, $\sigma_{\beta_{x,g}}^2$) |
| $\sigma_{\epsilon,x}^2$ | 测量误差 | Inverse gamma(0.01, 0.01) |
| $\sigma_e^2$ | 模型过程误差 | Inverse gamma(0.01, 0.01) |

在贝叶斯模型中使用马尔可夫链蒙特卡罗(MCMC)方法进行参数估计时,一个关键问题是如何确定随机抽样何时收敛。为了保证模型的收敛性,我们使用了三种方法进行收敛性检查:①观察 MCMC 轨迹图;②自相关诊断图;③Gelman 和 Rubin[126]提出的 CODA 统计量。每个模型运行设置 2 个链,每一条链,我们丢弃前 40 000 次迭代结果,然后再运行 10 000×10 次,并从每 10 个样本中保留 1 个用于参数推断。

### 4.2.3　模型选择和比较

贝叶斯模型中有多种拟合优度统计量,但是偏差信息准则(deviation information criteria,DIC)是被最广泛认可和最普遍使用的一个[127]。在

WinBUGs 程序中可以直接计算得到模型的 DIC 值,DIC 越小表示模型拟合得越好。同时我们也给出了贝叶斯估计的 $p$-value,$p$ 值表示贝叶斯模型拟合的好坏程度,当 $p$ 值接近 $0.5$ 时表示模型拟合较好,而 $p$ 值靠近 $0$ 或者 $1$ 表示模型拟合较差[126]。

此外,我们还用了 4 个常用的模型预测性能评价指标来进行模型选择和比较,包括平均绝对误差(Mean Absolute Error,MAE)、平均平方误差(Mean Squared Error,MSE)、均方根误差(Root Mean Squared Error,RMSE)和平均绝对相对误差(Mean Absolute Relative Error,MARE)。

$$MAE = 1/n \sum_{i=1}^{n} |r_{obs,i} - r_{est,i}| \tag{4-5}$$

$$MSE = 1/n \sum_{i=1}^{n} (r_{obs,i} - r_{est,i})^2 \tag{4-6}$$

$$RMSE = \sqrt{1/n \sum_{i=1}^{n} (r_{obs,i} - r_{est,i})^2} \tag{4-7}$$

$$MARE = 1/n \sum_{i=1}^{n} (|r_{obs,i} - r_{est,i}|/r_{obs,i}) \tag{4-8}$$

其中 $n$ 是种群数量,$r_{est,i}$ 是贝叶斯层次误差模型对种群 $i$ 的内禀增长率的估计均值,$r_{obs,i}$ 是文献中已有的 Schaefer 剩余生产给出的内禀增长率。

## 4.3 结果

### 4.3.1 内禀增长率与生活史参数之间的关系

由图 4-1 的散点图可知,自然死亡率和增长系数与内禀增长率之间的关系是线性的,而其余 4 个生活史参数与内禀增长率之间的关系都是明显的非线性关系。为了准确估计有限数据渔业种群的内禀增长率,我们测试了内禀增长率与各个生活史参数之间多种可能的关系形式。根据4.2.3 中描述的各种模型评价和选择指标可知,自然死亡率和增长系数之

间的关系是线性的,最大年龄和成熟年龄与内禀增长率之间符合反比例
函数关系,渐进长度和成熟长度与内禀增长率之间的关系符合幂函数形
式,如式(4-9)到式(4-14)所示。

$$r = \beta_M M \qquad (4-9)$$

$$r = \beta_k k \qquad (4-10)$$

$$r = \frac{\beta_{T_{max},g}}{T_{max}} \qquad (4-11)$$

$$r = \frac{\beta_{T_{mat},g}}{T_{mat}} \qquad (4-12)$$

$$r = L_{inf} \beta_{L_{inf},g} \qquad (4-13)$$

$$r = L_{mat} \beta_{L_{mat},g} \qquad (4-14)$$

此外,混合多元模型优于简单的多元线性模型和多元非线性模型。
包含所有生活史参数的混合多元模型如式(4-15)所示。其他混合多元
模型的形式类似式(4-15),是单参数模型的可加形式。

$$r = \beta_M M + \beta_k k + \frac{\beta_{T_{max},g}}{T_{max}} + \frac{\beta_{T_{mat},g}}{T_{mat}} + L_{inf} \beta_{L_{inf},g} + L_{mat} \beta_{L_{mat},g} \qquad (4-15)$$

### 4.3.2　贝叶斯层次误差模型的参数估计结果

根据排列组合,在 6 个生活史参数中选择不同数量的生活史参数作
为预测变量,总共可以构建 63 个模型。我们使用贝叶斯方法对所有 63
个模型进行参数估计,发现大多数模型的系数在 95% 置信区间上不具有
显著性,因此,这些模型不被选择。依据系数显著性,我们最终筛选出 10
个能够表达内禀增长率与生活史参数之间关系的模型,其中有 5 个包含
自然死亡率 M 的模型,有 5 个不包含自然死亡率 M 的模型(见表 4-2)。
此外,我们根据偏差信息准则(DIC)对这 10 个模型进行了比较和排序。
为了验证 DIC 在模型选择中的正确性,我们还计算了这些模型的 MAE、
MSE、RMSE 和 MARE(见表 4-3)。

所有模型评价指标都表明,仅使用最大年龄 $T_{max}$ 的模型(M6)在内禀

增长率估计中表现最好,其次是仅使用自然死亡率 $M$ 的模型(M1)。在种群内禀增长率估计中,最大年龄比自然死亡率能够提供更多的有效信息。使用自然死亡率 $M$ 的模型表现较好是意料之中的,因为大多数有限数据渔业种群的自然死亡率也是根据其他几个生活史参数计算得到的, $M$ 在一定程度上包含了其他生活史参数的信息[13]。然而,最大年龄 $T_{max}$ 在内禀增长率估计中的贡献确实是一个新的发现。但是,已经有很多研究表明种群的自然死亡率与最大年龄之间存在很强的反比例关系[13, 25, 32]。因此最大年龄与内禀增长率之间的关系也是意料之中。

表 4‑2　贝叶斯层次误差模型拟合结果比较

| 模型 | 公式 | pD | DIC | ΔDIC | $p$-value |
|---|---|---|---|---|---|
| M1 | $r = \beta_M M$ | 130.27 | −232.24 | 23.26 | 0.55 |
| M2 | $r = \beta_{M,g} M + \dfrac{\beta_{T_{max},g}}{T_{max}}$ | 119.55 | −214.59 | 40.91 | 0.55 |
| M3 | $r = \beta_{M,g} M + L_{inf} \beta_{L_{inf},g}$ | 81.16 | −162.54 | 92.96 | 0.52 |
| M4 | $r = \beta_{M,g} M + L_{mat} \beta_{L_{mat},g}$ | 70.77 | −157.10 | 98.40 | 0.52 |
| M5 | $r = \beta_{M,g} M + L_{inf} \beta_{L_{inf},g} + L_{mat} \beta_{L_{mat},g}$ | 78.85 | −176.83 | 78.67 | 0.53 |
| M6 | $r = \dfrac{\beta_{T_{max},g}}{T_{max}}$ | 133.48 | −255.50 | 0.00 | 0.57 |
| M7 | $r = \dfrac{\beta_{T_{mat},g}}{T_{mat}}$ | 79.33 | −131.89 | 123.61 | 0.53 |
| M8 | $r = \dfrac{\beta_{T_{max},g}}{T_{max}} + L_{inf} \beta_{L_{inf},g}$ | 6.22 | −136.66 | 118.84 | 0.51 |
| M9 | $r = \dfrac{\beta_{T_{max},g}}{T_{max}} + L_{mat} \beta_{L_{mat},g}$ | 10.54 | −120.08 | 135.42 | 0.52 |
| M10 | $r = \dfrac{\beta_{T_{max},g}}{T_{max}} + L_{inf} \beta_{L_{inf},g} + L_{mat} \beta_{L_{mat},g}$ | 8.36 | −161.49 | 94.02 | 0.52 |

注:DIC=偏差信息准则;$p$-value=贝叶斯拟合的 $p$-value;pD=模型中有效参数的个数;ΔDIC=各个模型 DIC 值相对于最小 DIC 的差异。

表 4-3　贝叶斯层次误差模型拟合结果比较

| Model | MAE | MSE | RMSE | MARE |
|---|---|---|---|---|
| M1 | 0.030 81 | 0.001 61 | 0.040 14 | 0.140 19 |
| M2 | 0.036 55 | 0.002 31 | 0.048 04 | 0.158 77 |
| M3 | 0.065 50 | 0.006 67 | 0.081 68 | 0.285 74 |
| M4 | 0.061 54 | 0.005 92 | 0.076 94 | 0.270 41 |
| M5 | 0.062 31 | 0.006 06 | 0.077 82 | 0.272 31 |
| M6 | 0.022 07 | 0.000 82 | 0.028 56 | 0.082 66 |
| M7 | 0.062 35 | 0.006 46 | 0.080 41 | 0.243 59 |
| M8 | 0.099 55 | 0.015 42 | 0.124 18 | 0.400 65 |
| M9 | 0.113 19 | 0.020 62 | 0.143 60 | 0.446 84 |
| M10 | 0.092 90 | 0.013 07 | 0.114 31 | 0.365 99 |

注:MAE＝平均绝对误差;MSE＝均方误差;RMSE＝均方根误差;MARE＝平均绝对相对误差。

在包含和不包含自然死亡率 $M$ 的两组模型中,当模型中已经包含自然死亡率 $M$ 和最大年龄 $T_{max}$ 时,再在模型中添加其他的生活史参数似乎对 $r$ 估计的贡献并不大。相比于仅包含最大年龄 $T_{max}$ 的模型 M6 和仅包含自然死亡率 $M$ 的模型 M1,其他模型的 DIC 都很大,这表明模型这两个模型的拟合效果远远好于其他模型。因此,这两个单变量模型似乎足以给出鱼类种群的内禀增长率。

### 4.3.3　最优模型

1)M6: $r = \dfrac{\beta_{T_{max},g}}{T_{max}}$

从表 4-4 可知,三组动物的系数有显著差异。平均而言,硬骨鱼的内禀增长率高于软骨鱼内禀增长率的两倍。该结果充分证明了在模型中考虑分组变量的重要性。模型预测值与观察值的散点图以及残差图都表明该模型拟合结果较好(见图 4 - 2)。模型参数的后验分布图表明,软骨鱼(Elasmobranch)和无脊椎动物(Invertebrate)中参数 $\beta_{T_{\max},g}$ 的不确定性要高于硬骨鱼(Teleost)(见图 4 - 3)。这可能是因为软骨鱼和无脊椎动物的样本量更少,而且种群组成更加丰富多样。

表 4 - 4 模型 M6 中参数的后验均值、中位数、标准偏差和 95％置信区间

| 参数 | 类别 | 均值 | 标准误差 | 中位数 | 2.5% | 97.5% | $n$ |
|---|---|---|---|---|---|---|---|
| $\beta_{T_{\max},1}$ | Invertebrate | 4.553 | 0.585 | 4.508 | 3.471 | 5.831 | 23 |
| $\beta_{T_{\max},2}$ | Elasmobranch | 2.663 | 0.607 | 2.610 | 1.626 | 4.047 | 21 |
| $\beta_{T_{\max},3}$ | Teleost | 5.752 | 0.399 | 5.744 | 5.000 | 6.546 | 118 |
| $\sigma_r$ | | 0.068 | 0.019 | 0.065 | 0.041 | 0.113 | |
| $\sigma_{T_{\max}}$ | | 0.643 | 0.044 | 0.642 | 0.559 | 0.734 | |

注:$\sigma_r$＝过程误差(process error);$\sigma_{T_{\max}}$＝$T_{\max}$ 的测量误差(measurement error of $T_{\max}$)。

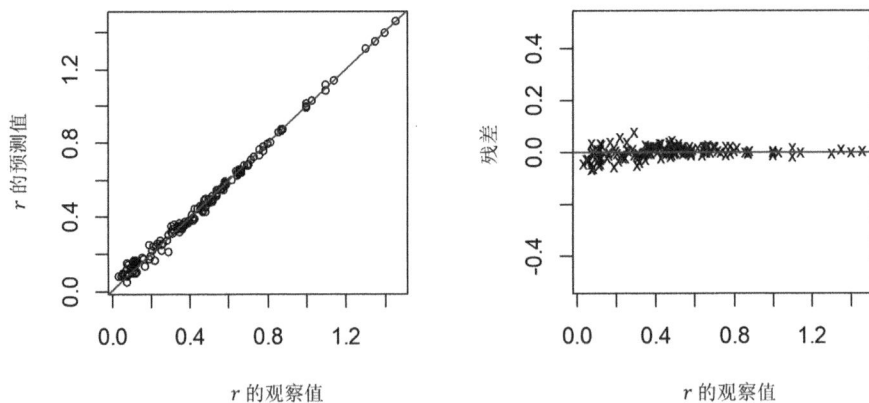

图 4 - 2 模型 M6 中预测值与观察值的散点图以及预测残差

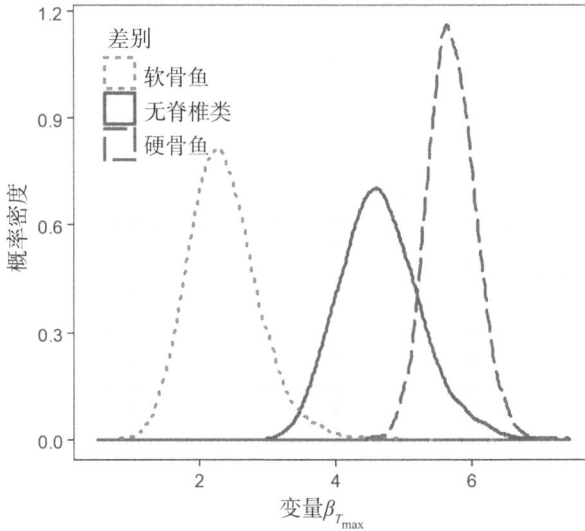

**图 4‑3　模型 M6 中参数 $T_{max}$ 的后验分布**

2）M1：$r = \beta_{M,g} M$

　　与模型 M6 相同，M1 中三种动物的系数也显著不同。软骨鱼类的系数最小，在同样的自然死亡率下，其内禀增长率还不到硬骨鱼的内禀增长率的一半。无脊椎动物的系数最大，这主要因为，大多数硬骨鱼的寿命很短，增长较快。一个有趣的发现是，对于硬骨鱼 $\beta_{M,3} = 1.736$，这与 Zhou 等研究的结果 $2 \times 0.87 = 1.74$ 基本一致，尽管我们是使用完全不同的数据得到的模型。然而，软骨鱼中 $\beta_{M,2} = 0.661$ 远低于 Zhou 等研究中的 $2 \times 0.41 = 0.82$。

**表 4‑5　模型 M1 中参数的后验均值、中位数、标准偏差和 95% 置信区间**

| 参数 | 种类 | 均值 | 标准偏差 | 中位数 | 2.5% | 97.5% | $n$ |
|---|---|---|---|---|---|---|---|
| $\beta_{M,1}$ | Invertebrate | 2.036 | 0.216 | 2.023 | 1.640 | 2.498 | 23 |
| $\beta_{M,2}$ | Elasmobranch | 0.661 | 0.123 | 0.655 | 0.439 | 0.920 | 21 |
| $\beta_{M,3}$ | Teleost | 1.736 | 0.081 | 1.735 | 1.582 | 1.897 | 118 |
| $\sigma_r$ | | 0.082 | 0.017 | 0.081 | 0.051 | 0.119 | |

（续表）

| 参数 | 种类 | 均值 | 标准偏差 | 中位数 | 2.5% | 97.5% | $n$ |
|---|---|---|---|---|---|---|---|
| $\sigma_M$ | | 0.436 | 0.038 | 0.435 | 0.361 | 0.513 | |

注：$\sigma_r$＝过程误差；$\sigma_M$＝参数 $M$ 的测量误差。

尽管从预测值与观察值的散点图以及残差图来看，模型 M1 拟合效果也很好，但还是略逊于模型 M6，尤其是当内禀增长率较小的时候。当种群内禀增长率小于 0.4 时，模型 M1 的预测残差接近 0.2，而模型 M6 的预测残差始终都小于 0.1。模型参数 $\beta_{M,g}$ 的后验分布表明无脊椎动物和硬骨鱼的系数不确定性要高于软骨鱼。

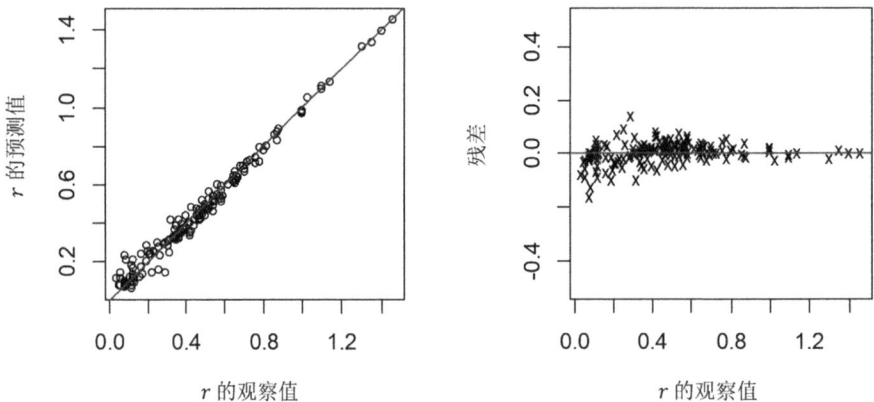

图 4-4　模型 M1 中预测值与观察值的散点图以及预测残差

3）M2：$r = \beta_{M,g}M + \dfrac{\beta_{T_{\max},g}}{T_{\max}}$

在模型 M2 中，软骨鱼的系数 $\beta_{M,2}$ 只有 0.466，明显小于其他两组物种。但是三组种群中最大年龄 $T_{\max}$ 的系数却基本相同。从模型的预测值与观察值的散点图与残差图可知，模型 M2 的拟合效果不如单变量预测模型 M6 和 M1（见图 4-6）。

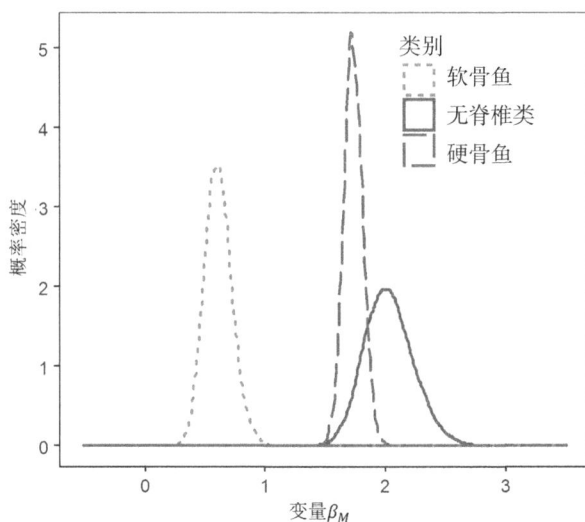

**图 4 - 5 型 M1 中参数 $M$ 的后验分布**

**表 4 - 6 模型 M2 中参数的后验均值、中位数、标准偏差和 95% 置信区间**

| 参数 | 种类 | 均值 | 标准偏差 | 中位数 | 2.5% | 97.5% | $n$ |
|------|------|------|----------|--------|------|-------|-----|
| $\beta_{M,1}$ | Invertebrate | 1.590 | 0.225 | 1.578 | 1.188 | 2.060 | 23 |
| $\beta_{M,2}$ | Elasmobranch | 0.466 | 0.151 | 0.456 | 0.199 | 0.791 | 21 |
| $\beta_{M,3}$ | Teleost | 1.459 | 0.112 | 1.461 | 1.242 | 1.678 | 118 |
| $\beta_{T\max,1}$ | Invertebrate | 0.707 | 0.196 | 0.716 | 0.293 | 1.059 | 23 |
| $\beta_{T\max,2}$ | Elasmobranch | 0.701 | 0.325 | 0.716 | 0.024 | 1.280 | 21 |
| $\beta_{T\max,3}$ | Teleost | 0.752 | 0.220 | 0.751 | 0.316 | 1.181 | 118 |
| $\sigma_r$ | | 0.088 | 0.017 | 0.087 | 0.056 | 0.124 | |
| $\sigma_M$ | | 0.482 | 0.048 | 0.480 | 0.394 | 0.580 | |
| $\sigma_{T\max}$ | | 0.045 | 0.003 | 0.045 | 0.039 | 0.052 | |

注:$\sigma_r$＝过程误差;$\sigma_M$＝参数 $M$ 的测量误差;$\sigma_{T\max}$＝参数 $T_{\max}$ 的测量误差。

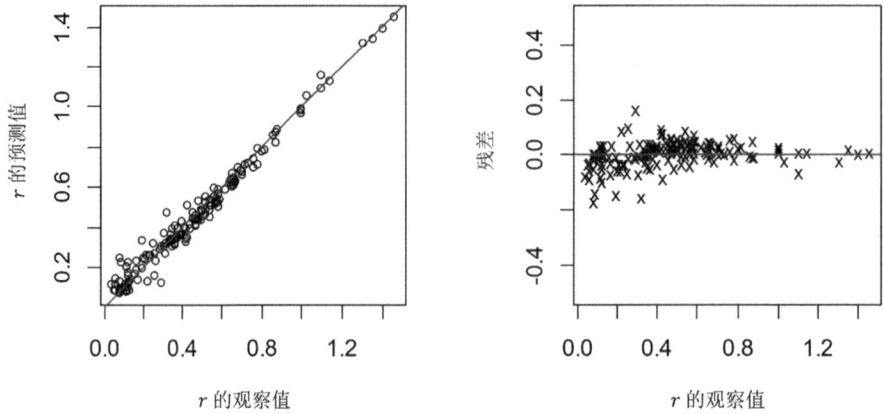

图 4‑6 模型 M2 中预测值与观察值的散点图以及预测残差

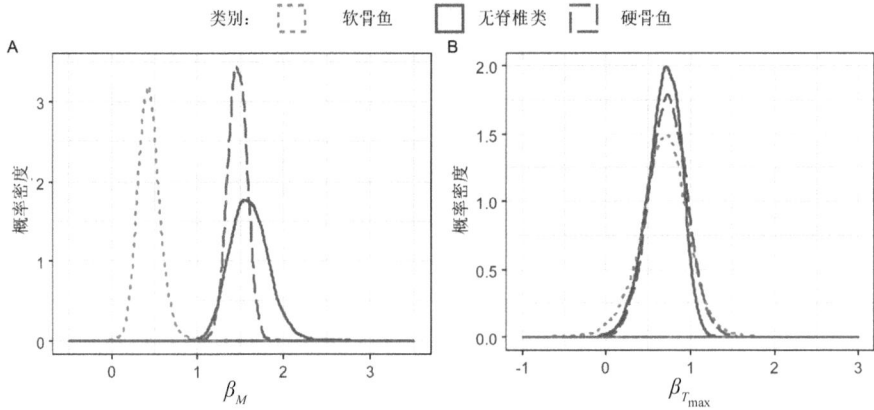

图 4‑7 模型 M2 中参数 $M$ 和 $T_{max}$ 的后验分布

4)M10: $r = \dfrac{\beta_{T_{max}, g}}{T_{max}} + L_{inf}\beta_{L_{inf}, g} + L_{mat}\beta_{L_{mat}, g}$

比较模型 M10 和 M6 的结果可知,当模型中已经包含 $T_{max}$ 时,在模型中增加其他生活史参数,如 $L_{inf}$ 和 $L_{mat}$,并不会提高模型对 $r$ 估计的准确性,相反可能是模型对 $r$ 的预测结果更糟糕(见图 4‑8)。三组种群中,$\beta_{T_{max}, g}$ 和 $\beta_{L_{inf}, g}$ 的组间差异很小,但是 $\beta_{L_{mat}}$ 的组间差异较大,尤其是软骨鱼的系数明显小于其他两组种群。从参数的后验分布图来看,相比于

$\beta_{T_{\max},g}$ 和 $\beta_{L_{\text{mat}},g}$，$\beta_{L_{\text{inf}},g}$ 具有很大的不确定性(见图 4-9)。

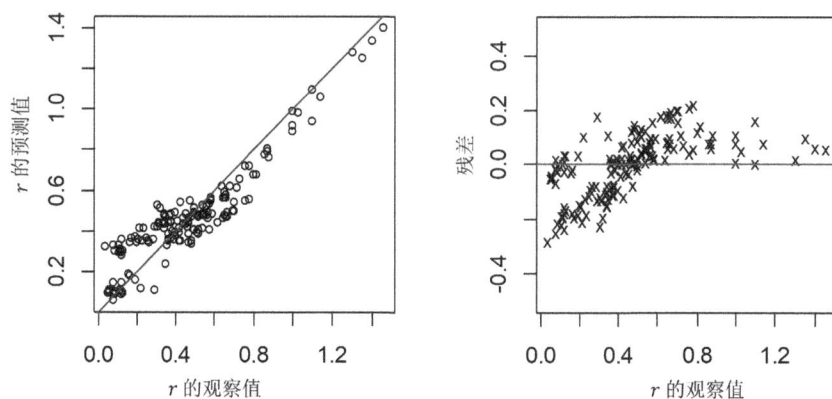

**图 4-8　模型 M10 中预测值与观察值的散点图以及预测残差**

**表 4-7　模型 M10 中参数的后验均值、中位数、标准偏差和 95% 置信区间**

| 参数 | 种类 | 均值 | 标准偏差 | 中位数 | 2.5% | 97.5% | $n$ |
|---|---|---|---|---|---|---|---|
| $\beta_{T_{\max},1}$ | 无脊椎动物 | 1.653 | 0.422 | 1.635 | 0.853 | 2.502 | 23 |
| $\beta_{T_{\max},2}$ | 软骨鱼 | 1.427 | 0.519 | 1.464 | 0.259 | 2.349 | 21 |
| $\beta_{T_{\max},3}$ | 硬骨鱼 | 1.588 | 0.413 | 1.576 | 0.801 | 2.403 | 118 |
| $\beta_{L_{\inf},1}$ | 无脊椎动物 | $-6.851$ | 5.013 | $-5.027$ | $-20.910$ | $-1.328$ | 23 |
| $\beta_{L_{\inf},2}$ | 软骨鱼 | $-6.536$ | 5.163 | $-4.570$ | $-21.010$ | $-0.997$ | 21 |
| $\beta_{L_{\inf},3}$ | 硬骨鱼 | $-6.043$ | 4.966 | $-3.802$ | $-20.671$ | $-1.419$ | 118 |
| $\beta_{L_{\text{mat}},1}$ | 无脊椎动物 | $-0.314$ | 0.050 | $-0.310$ | $-0.418$ | $-0.220$ | 23 |
| $\beta_{L_{\text{mat}},2}$ | 软骨鱼 | $-0.668$ | 0.544 | $-0.511$ | $-2.147$ | $-0.293$ | 21 |
| $\beta_{L_{\text{mat}},3}$ | 硬骨鱼 | $-0.205$ | 0.021 | $-0.205$ | $-0.247$ | $-0.169$ | 118 |
| $\sigma_r$ | | 0.145 | 0.017 | 0.145 | 0.110 | 0.178 | |
| $\sigma_{T_{\max}}$ | | 0.835 | 0.129 | 0.821 | 0.624 | 1.140 | |
| $\sigma_{L_{\inf}}$ | | 0.151 | 0.037 | 0.145 | 0.099 | 0.244 | |
| $\sigma_{L_{\text{mat}}}$ | | 0.157 | 0.040 | 0.150 | 0.100 | 0.257 | |

注：$\sigma_r$ = 过程误差；$\sigma_{T_{\max}}$ = 参数 $T_{\max}$ 的测量误差；$\sigma_{L_{\inf}}$ = 参数 $L_{\inf}$ 的测量误差；

$\sigma_{L\text{mat}}$ =参数 $L_{\text{mat}}$ 的测量误差。

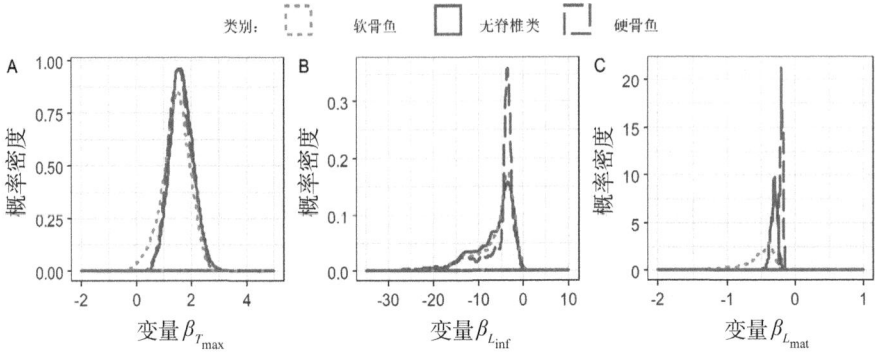

**图 4 - 9　模型 M10 中参数 $T_{\text{max}}$、$L_{\text{inf}}$ 和 $L_{\text{mat}}$ 的后验分布**

5)M8：$r = \dfrac{\beta_{T_{\text{max}},g}}{T_{\text{max}}} + L_{\text{inf}}\beta_{L_{\text{inf}},g}$

基于生活史参数 $T_{\text{max}}$ 和 $L_{\text{inf}}$ 的模型 M8 比前面四个模型的拟合效果都差(见图 4 - 10)。三组种群的生活史参数 $T_{\text{max}}$ 的后验均值几乎相同，但是 $L_{\text{inf}}$ 的后验均值却存在显著的组间差异。而且，$L_{\text{inf}}$ 的系数具有更大的不确定性(见图 4 - 11)。

**表 4 - 8　模型 M8 中参数的后验均值、中位数、标准偏差和 95% 置信区间**

| 参数 | 种类 | 均值 | 标准偏差 | 中位数 | 2.5% | 97.5% | $n$ |
|---|---|---|---|---|---|---|---|
| $\beta_{T_{\text{max}},1}$ | 无脊椎动物 | 1.560 | 0.407 | 1.518 | 0.880 | 2.471 | 23 |
| $\beta_{T_{\text{max}},2}$ | 肉软骨鱼 | 1.335 | 0.485 | 1.354 | 0.260 | 2.239 | 21 |
| $\beta_{T_{\text{max}},3}$ | 硬骨鱼 | 1.455 | 0.357 | 1.425 | 0.810 | 2.205 | 118 |
| $\beta_{L_{\text{inf}},1}$ | 无误脊椎动物 | −0.267 | 0.050 | −0.261 | −0.384 | −0.189 | 23 |
| $\beta_{L_{\text{inf}},2}$ | 软骨鱼 | −0.640 | 0.553 | −0.465 | −2.154 | −0.267 | 21 |
| $\beta_{L_{\text{inf}},3}$ | 硬骨鱼 | −0.175 | 0.016 | −0.174 | −0.209 | −0.148 | 118 |
| $\sigma_r$ | | 0.157 | 0.016 | 0.157 | 0.126 | 0.189 | |

（续表）

| 参数 | 种类 | 均值 | 标准偏差 | 中位数 | 2.5% | 97.5% | $n$ |
|---|---|---|---|---|---|---|---|
| $\sigma_{T_{max}}$ | | 1.212 | 0.182 | 1.199 | 0.892 | 1.605 | |
| $\sigma_{L_{inf}}$ | | 22.329 | 1.560 | 22.310 | 19.350 | 25.490 | |

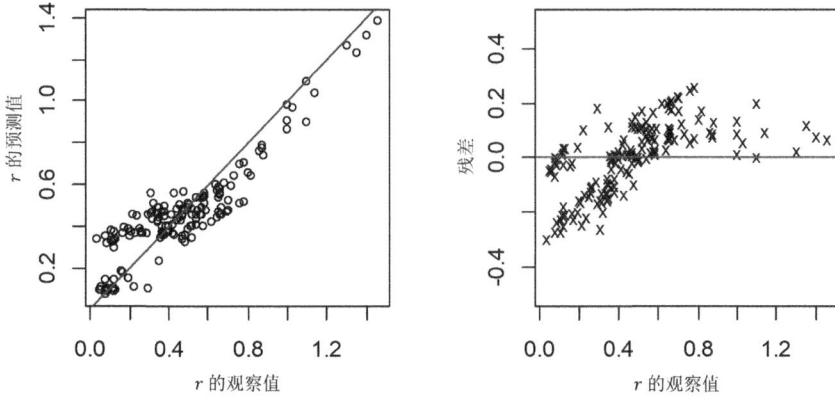

图 4‑10　模型 M10 中预测值与观察值的散点图以及预测残差

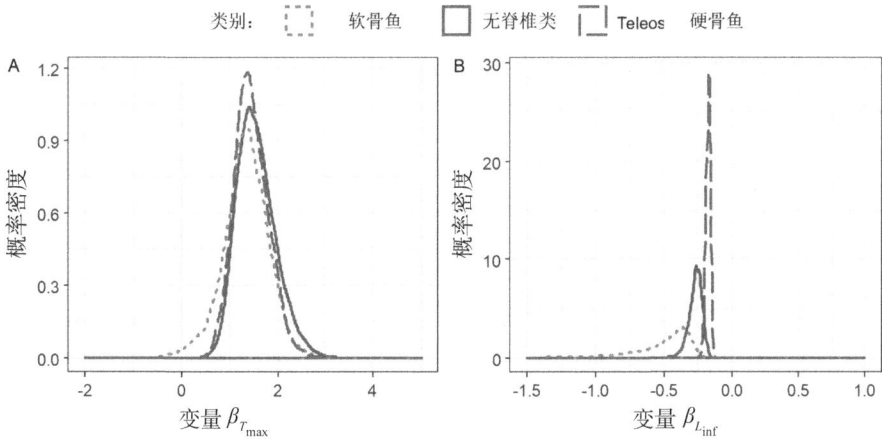

图 4‑11　模型 M8 中参数 $T_{max}$ 和 $L_{inf}$ 的后验分布

### 4.3.4 加权平均模型

在鱼类生物学特征研究中,一个众所周知的事实是生活史参数本身的测量存在很大不确定性[22, 30]。因此,使用基于单一生活史参数的模型来进行鱼类的内禀增长率估计是有风险的,因为所使用的生活史参数本身具有很大的测量误差。所以,很多学者提出使用模型平均技术来减小模型估计的偏差[29, 104, 105, 111]。模型平均技术是对几种模型进行平均或者加权平均[111]。因此,我们也建立了两种加权平均模型来进行鱼类内禀增长率的估计。

我们对根据 DIC 准则选出的两个最佳贝叶斯层次误差模型使用模型平均技术。基于最大年龄 $T_{\max}$ 的单变量模型和基于自然死亡率 $M$ 的单变量模型的加权平均形式,如式(4-16)所示。其中 $w_1$ 和 $w_2$ 是模型的权重。

$$r = w_1 \frac{\beta_{T_{\max}, g}}{T_{\max}} + w_2 \beta_{M, g} M \qquad (4-16)$$

对于该综合模型,我们设计了两种权重分配因子。第一种加权平均模型(WAM1)中的权重因子是根据 Stock 和 Watson 提出的均方误差原则[128]设定的,如式(4-17)和式(4-18)所示。

$$w_j = \frac{D_j^{-1/2}}{\sum_{j=1}^{J} D_j^{-1/2}} (j = 1, 2) \qquad (4-17)$$

$$D_j = \sum_{i=1}^{N} (r_i - \hat{r_i}(j))^2 \qquad (4-18)$$

其中,$D_j$ 代表第 $j$ 个模型的预测结果的残差平方和,$r_i$ 是种群 $i$ 内禀增长率的观察值,$\hat{r_i}(j)$ 是种群 $i$ 在第 $j$ 个模型上的预测值。根据式(4-17)和式(4-18)得到基于最大年龄 $T_{\max}$ 的模型(M6)的权重 $w_1$ 等于 0.87,基于自然死亡率 $M$ 的模型(M1)的权重 $w_2$ 等于 0.13。

第二种加权平均模型(WAM2)采用简单的平均模型,即模型 M6 和 M1 的权重均为 0.5。

### 4.3.5　本章结果与其他方法的比较

在有限数据鱼类的内禀增长率评估中,Mangel 等[129]提出一种近似方法,他们认为最大可持续产量处所对应的渔获死亡率约等于该种群的自然死亡率,而种群的内禀增长率近似等于 $2F_{MSY}$ 或者 $2M$,即 $r = 2F_{MSY} = 2M$。Zhou 等利用经验数据将 $F_{MSY}$ 与生活史特征联系起来,发现硬骨鱼的最大可持续产量处所对应的渔获死亡率约等于 0.87 倍的 $M$,即 $F_{MSY} = 0.87M$;软骨鱼的最大可持续产量处所对应的渔获死亡率约等于 0.41 倍的 $M$,即 $F_{MSY} = 0.41M$。这一结果也被应用于有限数据渔业种群状态评估[1]。

**表 4-9　十个新种群的生活史参数**

| 学名 | 类别 | $T_{max}$ | $T_{mat}$ | $L_{mat}$ | $K$ | $L_{inf}$ | $M$ |
|---|---|---|---|---|---|---|---|
| Sebastes variabilis | T | 66.00 | 9.20 | 36.50 | 0.28 | 116.00 | 0.37 |
| Dicentrarchus labrax | T | 11.00 | 3.00 | 31.06 | 0.17 | 75.61 | 0.10 |
| Rexea solandri | T | 16.00 | 5.50 | 55.00 | 0.20 | 115.40 | 0.20 |
| Sebastes norvegicus | T | 45.00 | 22.65 | 29.80 | 0.09 | 49.55 | 0.17 |
| Balistes capriscus | T | 13.00 | 1.00 | 13.00 | 0.31 | 47.58 | 1.01 |
| Carcharhinus obscurus | E | 45.00 | 19.20 | 253.40 | 0.04 | 418.57 | 0.11 |
| Carcharhinus plumbeus | E | 33.00 | 12.50 | 150.50 | 0.06 | 244.06 | 0.22 |
| Squalus acanthias | E | 31.00 | 12.18 | 67.33 | 0.10 | 124.78 | 0.09 |
| Zearaja chilensis | E | 24.92 | 11.84 | 87.50 | 0.15 | 125.67 | 0.14 |
| Carcharhinus sorrah | E | 8.00 | 2.00 | 101.00 | 0.55 | 111.20 | 0.56 |

注:T=硬骨鱼,E=软骨鱼。

表 4 - 10 不同模型对 10 个新种群的内禀增长率的预测结果

| 学名 | G | 观察值 | M1 | M6 | WAM1 | WAM2 | $r\text{-}F_{MSY}(1)$ | $r\text{-}F_{MSY}(2)$ |
|---|---|---|---|---|---|---|---|---|
| Sebastes variabilis | T | 0.202 | 0.484 | 0.108 | 0.266 | 0.296 | 0.740 | 0.644 |
| Dicentrarchus labrax | T | 0.541 | 1.747 | 0.644 | 1.107 | 1.196 | 0.207 | 0.180 |
| Rexea solandri | T | 0.525 | 0.883 | 0.441 | 0.627 | 0.662 | 0.400 | 0.348 |
| Sebastes norvegicus | T | 0.300 | 1.067 | 0.158 | 0.540 | 0.612 | 0.332 | 0.289 |
| Balistes capriscus | T | 0.529 | 0.179 | 0.547 | 0.393 | 0.363 | 2.027 | 1.763 |
| Carcharhinus obscurus | E | 0.085 | 0.230 | 0.065 | 0.134 | 0.148 | 0.220 | 0.090 |
| Carcharhinus plumbeus | E | 0.062 | 0.114 | 0.088 | 0.099 | 0.101 | 0.448 | 0.184 |
| Squalus acanthias | E | 0.065 | 0.269 | 0.094 | 0.168 | 0.182 | 0.188 | 0.077 |
| Zearaja chilensis | E | 0.124 | 0.176 | 0.117 | 0.142 | 0.146 | 0.280 | 0.115 |
| Carcharhinus sorrah | E | 0.282 | 0.045 | 0.365 | 0.231 | 0.205 | 1.121 | 0.459 |

注：G＝类别（Group），T＝硬骨鱼，E＝软骨鱼；WAM1＝0.13M1＋0.87M6，WAM2＝0.5M1＋0.5M6；r-FMSY（1）$r=2F\_MSY=2M$；r-FMSY（2）$r=2F\_MSY=2\times$ 0.87M（硬骨鱼），$r=2F\_MSY=2\times0.41M$（软骨鱼）。

表 4 - 11 四种模型评价指标下的模型比较

| 模型 | MAE | MSE | RMSE | MARE |
|---|---|---|---|---|
| BHEIVM(M1) | 0.365 30 | 0.249 71 | 0.499 71 | 1.446 83 |
| **BHEIVM(M6)** | 0.060 60 | 0.005 58 | 0.074 73 | 0.277 47 |
| **WAM1** | 0.049 60 | 0.007 04 | 0.083 93 | 0.230 02 |
| WAM2 | 0.168 20 | 0.060 71 | 0.246 40 | 0.691 15 |
| $r\text{-}F_{MSY}(1)$ | 0.416 60 | 0.357 23 | 0.597 68 | 2.039 69 |
| $r\text{-}F_{MSY}(2)$ | 0.255 00 | 0.357 23 | 0.438 90 | 0.847 33 |

注：WAM1＝0.13M1＋0.87M6；WAM2＝0.5M1＋0.5M6；r-FMSY（1）$r=2F_{MSY}=2M$；r-FMSY（2）$r=2F_{MSY}=2\times0.87M$（teleost） and $r=2F_{MSY}=2\times0.41M$（elansmobranch）。

我们对本章得到的两个最优贝叶斯层次误差模型（M6：$r = \dfrac{\beta_{T_{\max} \cdot g}}{T_{\max}}$ 和 M1：$r = \beta_{M, g} M$）、两种加权平均模型（WAM1 和 WAM2）以及 Ricker 提出的 $r = 2F_{\mathrm{MSY}}$ 方法的结果进行了比较。由于 Ricker 的 $r = 2F_{\mathrm{MSY}}$ 方法并不包含无脊椎动物，因此，我们的比较实验中只包含硬骨鱼和软骨鱼。对 10 个新的种群（不包含于 BHEIVMs 模型拟合所用数据集）的内禀增长率估计结果表明，在所有模型中，贝叶斯层次误差模型中 M6 在 $r$ 估计中表现最好。4 个模型性能评价指标（MAE、MSE、RMSE 和 MARE）都表明，加权平均模型（WAM1 和 WAM2）的预测准确性优于 M1，但是其表现却不如 M6。此外，在这 6 个模型中，Ricker 的经验法则 $r = 2F_{\mathrm{MSY}} = 2M$ 表现最差。该经验法则总体上高估了 $r$，特别是对于软骨鱼。尽管 Zhou 等提出的 $F_{\mathrm{MSY}}$ 与 $M$ 之间的经验估计关系可以提高 Ricker 的方法，但是其结果依然不如本章提出的贝叶斯层次误差模型 M6（见表 4-9）。这 10 个新种群的 $r$ 值和相应的生活史参数都来自 FishBase 数据库。

## 4.4　讨论与分析

本章首次提出通过整理分析并且基于贝叶斯层次误差模型，建立鱼类的内禀增长率与生活史参数之间经验关系的研究。结果表明：①将分组变量 Group 引入模型是必要的，相比于不包含分布变量 Group 的模型，包含分组变量的模型能显著提高内禀增长率估计的准确性；②在 6 个生活史参数中，$T_{\max}$ 对内禀增长率 $r$ 的影响最大，其次是自然死亡率 $M$；③当模型中已经包含 $T_{\max}$ 或者 $M$ 时，添加更多的生活史参数并不会显著提高模型对 $r$ 估计的准确性；④与 Ricker 的经验法则相比，本章的贝叶斯层次误差模型 M6 可以对鱼类种群给出更加准确、可靠的内禀增长率估计；⑤加权平均模型的结果与单变量最优贝叶斯层次误差模型 M6 的结果基本一致。因此，当一个鱼类种群具有可靠的 $T_{\max}$ 数据时，我们推荐使用单变量最优贝叶斯层次误差模型 M6 进行种群的内禀增长率估计。如果 $T_{max}$ 数据不可得或者存在较大偏差,则可以使用基于自然死亡率 $M$ 的贝叶斯层次误差模型 M1 进行内禀增长率估计。

本研究所得的结果是可靠且稳健的。因为本研究中使用的内禀增长率数据都是根据只使用渔获量时间序列数据的 Schaefer 剩余生产模型[59]计算所得,并没有使用通过人口学统计分析方法(demographic analyses)得到的 $r$。人口统计学分析通常依赖于种群水平较高时收集的生活史参数[52, 63]。此外,本章提出的贝叶斯层次误差模型在生活史参数中包含了生活史参数的测量误差以及模型估计误差,可以有效减少参数估计的偏差。但是,值得注意的是,荟萃分析所使用的原始研究中估计的 $r$ 的稳健性是未知的。而且,还有一系列因素可能会影响 Schaefer 剩余生产模型的结果,包括所使用的渔获量时间序列的长度、丰度指数以及不同鱼类种群所使用的捕获工具不同[119, 120]。不过,尽管存在这些担忧,Schaefer 剩余生产模型仍是目前全世界公认的比较可靠的种群评估方法,且已经被应用于多个种群评估。

### 4.4.1 生活史参数对内禀增长率的影响

众所周知,鱼类种群的生活史参数之间是相互关联的,尤其是年龄、体长和死亡率,所有生活史参数共同制约着其生活史的演变[47]。从实际意义上讲,生活史理论可用于建立生活史参数之间的经验关系,这使我们能够使用更容易获得的生活史参数来估计那些难以测量或者获取成本高昂的其他未知参数。比如,使用平均生育能力(average fecundity)、世代时间(generation time)、年龄和自然死亡率等来估计种群的内禀增长率。本研究结果表明,生活史参数 $T_{max}$ 和 $M$ 足以单独地为种群提供合理的内禀增长率估计。但是,值得注意的是,三组种群中参数 $\beta_{T_{max},g}$ 和 $\beta_{M,g}$ 的后验分布表明,软骨鱼和无脊椎动物的参数不确定性比硬骨鱼参数的不确定更高,这可能是因为软骨鱼和无脊椎动物样本量较小,多样性级别低。当有更多样本数据可以获得时,需要对这两组种群进行进一步的研究。但是在数据极为有限的情况下,本章的结果也可以为其提供一定的参考。

### 4.4.2　贝叶斯层次误差模型

贝叶斯层次变量误差模型是一种状态空间模型(state-space model),可以估计预测变量的测量误差和模型的过程误差,而无需任何一个误差的经验估计。贝叶斯层次误差模型可以显著地对所有变异性建模,可以应用于样本量较小的分组数据,因为该模型中所有组间可以共享信息[122]。因此,贝叶斯层次误差模型非常适合用于数据匮乏的种群评估。与最大似然估计相比,贝叶斯层次估计的组间差异的可变性更小,因为贝叶斯层次估计是基于所有种群数据信息的[123, 124, 126]。此外,当每个分组中的数据质量和数量存在较大差异时,分层贝叶斯技术将会非常有利于那些数据较少或变异性较大的组。渔业科学家早已充分认识到对生活史参数进行准确估计是非常困难的。生活史参数估计的不确定性可能是测量误差引起的,或是因为使用不同方法进行估计导致的。因此,贝叶斯层次误差模型非常适合用于有限数据渔业种群的内禀增长率与生活参数之间关系的研究。

### 4.4.3　渔业资源评估与管理建议

本章提出的贝叶斯层次误差模型可以通过生活史参数有效地估计有限数据渔业种群的内禀增长率,揭示 $r$ 与生活史参数之间的关系。这种基于荟萃分析的经验估计方法为传统的生物统计学方法和其他需要数据密集型种群评估方法提供了便利。本研究的结果可以应用于具有基本生活史参数的所有种群。

本章研究结果在渔业资源管理中的一个直接应用是基于本研究估计的 $r$ 值设置渔获死亡率参考点 $F_{MSY} = r/2$。但是,使用这种方法进行渔获死亡率参考点估计时应考虑以下注意事项:荟萃分析是基于不同分组的种群,由于数据样本量限制,本研究中的贝叶斯层次模型仅将所有种群分为 3 组，并没有考虑更加细分化的分组情况（如目、科、种、属等）。统计模型提供的最终 $r$ 估计值是组内均值，尽管它们在平均水平上是准确的，但如果考虑到特定种群可能会存在轻微的偏差，因此，将平均值应用于特定种群时，应该考虑到估计周围的不确定性。但是，由表 4 - 5 结果可知，本研究的贝叶斯层次误差模型的结果依然比 Ricker 的经验估计更加可靠。Ricker 的经验估计法则往往高估了鱼类的生产力，可能会导致鱼类种群过度开发，不利于渔业种群的保护和可持续发展。这一问题在软骨鱼中更加突出，因为软骨鱼中 $r$ 通常小于 $2M$。Thorson 和 Zhou 等关于渔业种群产卵率的研究也表明即使在生活史特征相似的情况下，软骨鱼的种群恢复力也小于硬骨鱼[61, 125]。这主要是因为近年来软骨鱼被大量捕捞，鲨鱼保护现在已经成为世界各地区日益关注的热点问题[130, 131]。

本章研究结果的另一个重要应用是为其他有限数据渔业种群评估模型提供可靠的内禀增长率先验信息，以提高有限数据种群状态评估模型的预测性能。即使贝叶斯方法可以对渔业资源的生物学状况提供统计上严格的评估，但无信息的数据仍可能产生高度不精确的参数估计值[132]。内禀增长率的先验信息对于贝叶斯生物量动力学模型非常有价值[131]。近来，在有限数据渔业种群研究中，人们对仅捕获方法的兴趣越来越浓厚[77, 133, 134]。这些方法的结果很大程度上取决于 $r$ 的先验信息，目前主要使用分类变量"resilience"或者自然死亡率 $M$ 来构建 $r$ 先验信息。将本研究中基于种群生活史参数的贝叶斯层次误差模型计算得到的 $r$ 先验信息应用于这些已有的仅捕获方法，可以提高有限数据渔业种群状态评估结果的可靠性，为当前许多发展中国家和地区的有限数据渔业种群评估提供可能。

# 第 5 章

# 基于可靠内禀增长率和 CPUE 的
# 改进 OCOM 模型

　　仅捕获方法被广泛应用于有限数据渔业种群状态评估。但是,到目前为止,已有的各种仅捕获方法中还没有哪一种方法能够对所有种群和所有参数都给出准确估计,而且不同仅捕获方法针对同一种群给出的生物学参数结果也不一致[89,135,136]。因此,本书使用第四章中基于贝叶斯层次误差模型计算得到的内禀增长率取值范围和可获得的单位捕获努力量渔获量(catch per unit effort,CPUE)数据来改进 Zhou 等[1]提出的被广泛使用的最优化仅捕获方法(OCOM)。我们使用从 RAM 遗留库存评估数据库(RAM Legacy Stock Assessment Data Base,RAMLD)提取的生物学参数和通过拟合生物量动力学模型(biological dynamic model,BDM)得到的生物参考点参数作为基准,与我们改进的 OCOM 方法的结果进行比较。结果表明尽管在模型中加入有限的 CPUE 数据似乎并不能提高 OCOM 对所有参数估计的准确性,但至少在种群饱和度($S$)估算中显示出巨大的优势。而且,贝叶斯层次变量误差模型提供的可靠内禀增长率信息的确可以提高 OCOM 对生物参考点估计的准确性。总体而言,本书提出的基于可靠内禀增长率先验和 CPUE 的改进 OCOM 方法能够提高大部分有限数据渔业种群状态评估的准确性和可靠性。

## 5.1　数据来源

　　本书除了一般仅捕获方法所用到的捕获量(catch)时间序列数据,还用到了单位捕捞努力量渔获量(CPUE)数据。因为影响渔业资源评估结果的不只有渔获量数据,渔民也是渔业资源管理系统中的一个重要组成部分。对于渔民而言,他们可能更关心单位捕捞努力量渔获量,因为这会直接影响渔民的投入产出比,影响到渔民的收入,进而影响他们对是否加大捕捞投资,如增加渔船、增加捕捞频次等做出决策。若渔民捕鱼竞争增强,会进一步导致渔业过度开发,导致渔业种群崩溃[91]。

渔业种群生活史参数数据主要来自 RAMLD 数据库(https://www.ramlegacy.org/)和 FishBase 数据库(http://www.fishbase.org)。在 RAMLD 数据库中有 469 个种群有捕获量(catch 或 landing)时间序列和生物量(biomass)估计时间序列,但仅有 31 个种群有 CPUE 数据。令人失望的是,这 31 个种群中没有一个种群拥有可靠的渔获量和生物量时间序列数据。因此,我们通过 CPUE 与生物量之间的关系,使用恒定生物量比例来估计 CPUE,如式(5-1)所示,这里假设 $q=0.001$。

$$CPUE_y = qB_y \qquad (5-1)$$

虽然 OCOM 可以包含至少两年的丰度指数,但预计在大多数情况下,有限年数的影响是微不足道的。为了探究可用时间序列的影响,我们假设了 7 个不同长度的年份:0、2、5、10、15、20,以及与捕获量时间序列相同的年份。在给定 $r$ 和 $S$ 先验信息的情况下,OCOM 方法中的优化函数能使模型为每一个随机的 $r$ 和 $S$ 组合找到对应的种群承载力 $K$。

## 5.2 基于可靠内禀增长率与 CPUE 的 OCOM 模型

### 5.2.1 模型建立

最优化仅捕获方法的基础是 Graham-Schaefer 剩余生产模型[1],该模型是最简单的种群动力学模型,只包含两个未知参数,即

$$B_{y+1} = B_y + r B_y \left(1 - \frac{B_y}{K}\right) - C_y \qquad (5-2)$$

其中,$\beta_{y+1}$ 是在 $y+1$ 年的种群生物量,$B_y$ 是第 $y$ 年的种群生物量,$r$ 是种群的内禀增长率,$K$ 是种群的承载能力。在剩余生产模型中,一般情况下 $K$ 约等于未开发种群的生物量或者初始生物量 $\beta_0$,$C_y$ 是第 $y$ 年的捕获量。两个未知参数是内禀增长率 $r$ 和种群承载能力 $K$。

在 OCOM 计算过程中也需要两个参数的先验信息,即内禀增长率 $r$ 和最终的种群饱和度先验 $S_e$。种群最终饱和度定义为最终时间点的生物量除以种群承载能力

$$S_e = B_e / K \tag{5-3}$$

原始的 OCOM 模型中所使用的种群内禀增长率是基于 Schaefer 剩余生产模型中 $r = 2F_{MSY}$ 的假设,以及 $F_{MSY}$ 与自然死亡率 $M$ 之间的关系所得到的。对于硬骨鱼,$F_{MSY} = 0.87M$,软骨鱼中 $F_{MSY} = 0.41M$[83]。通过 $F_{MSY}$ 将 $r$ 与自然死亡率 $M$ 联系起来,最终得到硬骨鱼内禀增长率为 $r = 1.74M$,软骨鱼内禀增长率为 $r = 0.82M$。但是,对于大部分有限数据渔业种群而言,它们的自然死亡率 $M$ 往往是通过其他生活史参数,例如体长、年龄等间接估计得到的。因此,直接通过生活史参数来估计内禀增长率可能会减少中间的误差,提高结果的准确性。

种群饱和度的先验信息是根据渔获量趋势计算得到的。在给定这两个先验信息后,式(5-2)中的种群承载能力 $K$ 可以通过最优化算法来确定。需要注意的是,这里所说的先验信息是参数可能的范围或者分布,而并非贝叶斯模型中的先验信息[130]。现有的 OCOM 模型中使用的时间序列末端的种群饱和度先验定义如下。

$S_e \sim s\text{Norm}(\text{mean} = S_{BRT,e} - 0.072,\ SD = 0.189,\ skewness = 0.763)$,
when $S_{BRT,e} \leqslant 0.5$ $\tag{5-4}$

$S_e \sim s\text{Norm}(\text{mean} = S_{BRT,e} + 0.179,\ SD = 0.223,\ skewness = 0.904)$,
when $S_{BRT,e} > 0.5$ $\tag{5-5}$

其中,$s\text{Norm}$ 指偏正态分布(skewed normal distribution),$S_{BRT,e}$ 是根据 Zhou 等[84]提出的提升树模型(the boosted regression tree,BRT)得到的

种群饱和度的预测值。BRT 模型使用了 RAMLD 中的数据,并将种群耗竭率(depletion)与从渔获量数据中计算出的一系列预测因子相关联,例如基于渔获量时间序列得到的渔获量趋势(catch trend)等。

通过 OCOM 方法来实现剩余生产模型不需要种群承载能力 $K$ 的先验信息。首先从 $r$ 和 $S$ 的先验范围内随机提取大量 $r$ 和 $K$ 值(例如,$n=10\,000$);然后使用最优化算法计算 $S_e=B_e/K$;最后计算各种感兴趣的生物参考点参数,例如最大可持续产量下的渔获死亡率 $F_{MSY}$、初始生物量 $B_0$ 等[1]。

因此,我们可以从以下两个方面来改进现有的 OCOM 模型。第一,使用更可靠的、直接从生活史参数中估计到的内禀增长率信息。我们使用第四章中得到的两个最优的贝叶斯层次变量误差模型的加权平均形式来估计种群的内禀增长率,如式(5 - 6)所示。尽管 DIC 等模型评价指标的结果表明基于最大年龄 $T_{max}$ 的单参数模型在种群内禀增长率估计中表现最优,但是,加权平均模型能够避免单个参数存在较大测量误差时的估计偏差。

$$r=0.87\frac{\beta_{T_{max},g}}{T_{max}}+0.13\,\beta_{M,g}M \qquad (5-6)$$

第二,在 OCOM 模型中加入可获得的 CPUE 数据。因为 $CPUE_y=qB_y$,假设可捕获系数 $q$ 为常数时,标准化后的 CPUE 的均方误差为:

$$MSE_{CPUE}=\frac{1}{n}\left(\frac{CPUE_y}{\overline{CPUE}}-\frac{B_y}{\overline{B}}\right)^2 \qquad (5-7)$$

其中 $n$ 是有 CPUE 数据的年份,$\overline{CPUE}$ 是 CPUE 的均值,$\overline{B}$ 是相同时间段内生物量的均值。

因此,OCOM 中可以有式(5 - 8)到式(5 - 10)所示的 3 种不同的最优化目标函数。

$$\min f_1=\left(\frac{B_e}{K}-S_e\right)^2 \qquad (5-8)$$

$$\min f_2=0.5\left(\frac{B_e}{K}-S_e\right)^2+0.5MSE_{CPUE} \qquad (5-9)$$

$$\min f_3 = \mathrm{MSE}_{\mathrm{CPUE}} \qquad (5-10)$$

原始 OCOM 方法与本书改进 OCOM 方法的比较如图 5-1 所示。

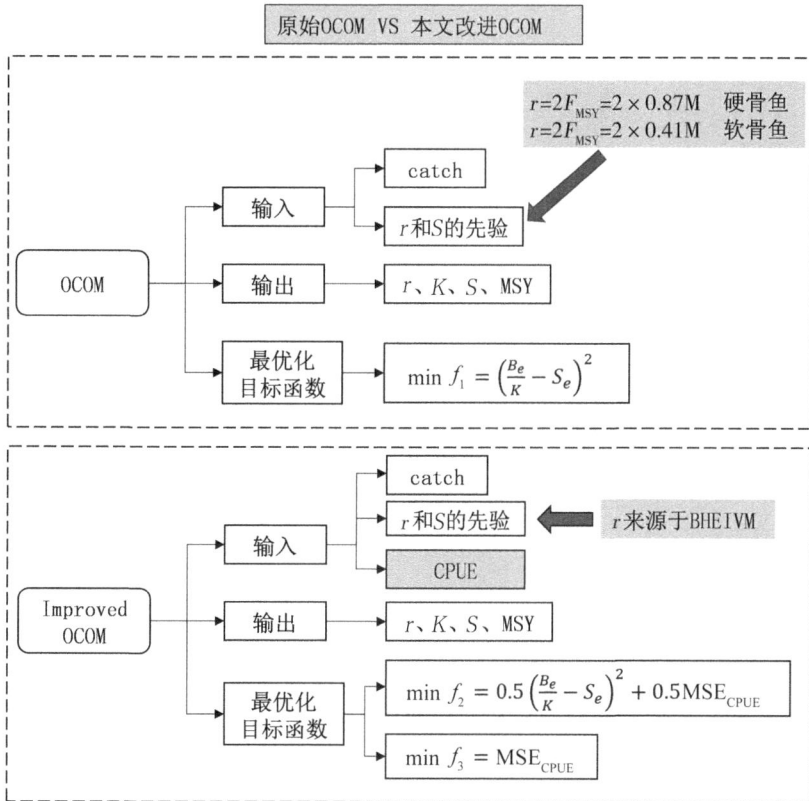

图 5-1　原始 OCOM 与本书改进 OCOM 方法比较

### 5.2.2　两种真值

常用的种群评估模型评价方法有两种,一种是根据已知模型和输入参数进行模拟,另一种是与数据丰富种群中已经被估计的生物学参数进行比较。本书应用两种方法设定真值,思路框架如图 5-2 所示。第一,选择使用 RAMLD 数据库中的数据作为其中一种真值,因为这些种群的生物学参数已经被估计,并且是真实存在的种群。第二,使用 Schefer 剩余生产模型对 RAMLD 数据库中的种群的生物量时间序列数据进行拟合重新计算得到的生物参考点作为真值。

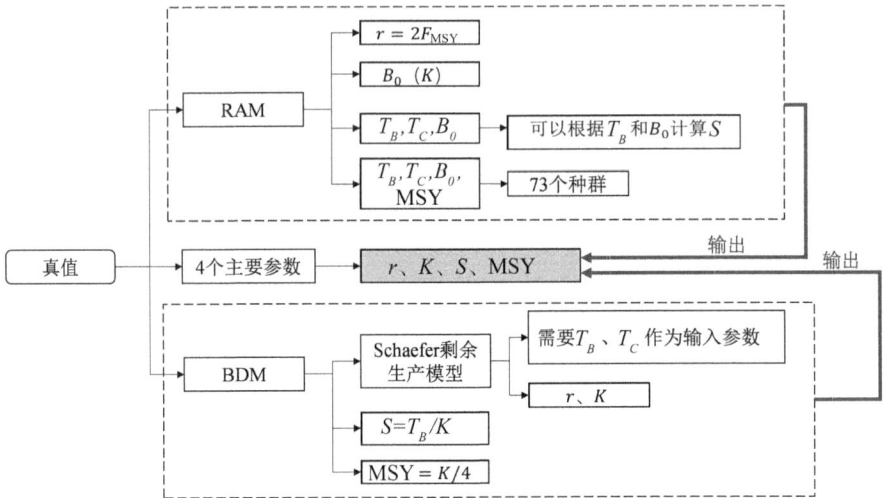

**图 5-2 两种真值选择思路图**

RAMLD 数据库中有种群的各种生物学参数,包括初始生物量 ($B_0$)、最大可持续产量下的生物量 ($B_{MSY}$)、最大可持续产量 (MSY) 和最大可持续产量下的渔获死亡率 ($F_{MSY}$) 等。此外,大多数种群都有被估计的生物量时间序列数据,因此,种群在时间序列末端的耗竭率可以通过 $B_0$ 计算得到。然而,RAMLD 中仅有 34 个种群拥有 $B_0$ 数据。因为基于仅捕获方法得到的参数估计以及 RAMLD 数据库汇总的数据本身存在一定的不确定性,因此,我们应该包含尽可能多的种群用于模型结果比较,才能验证改进 OCOM 方法的有效性。为了增加可用的样本数量,我们对 RAMLD 中没有 $B_0$ 数据的种群通过 $B_{MSY}$ 或者 $B_{lim}$ 计算得到初始生物量 $B_0$。本书应用 Zhou 等人[84]提出的如式(5-11)和式(5-12)所示的 $\beta_0$ 与 $B_{MSY}$ 和 $B_{lim}$ 之间的关系估计种群初始生物量。

$$B_0 = B_{MSY}/0.35 \qquad (5-11)$$

$$B_0 = B_{\lim}/0.2 \qquad (5-12)$$

通过对 RAMLD 数据库中的数据进行筛选,最终得到 73 个同时拥有最大可持续产量下的渔获死亡率($F_{MSY}$)、初始生物量($\beta_0$)、生物量时间序列($T_B$)和最大可持续产量(MSY)的种群。因此,将这 73 个种群从 RAMLD 数据库中提取出的 $r$、$K$、$S$ 和 MSY 值作为 RAM 真值。

尽管 RAMLD 数据库是目前全球商业开发海洋种群评估结果汇编最全的数据库,被学者们广泛引用,并且很多学者基于此数据集做了很多研究[84, 125, 131],但是,RAMLD 数据库中的种群生物学参数也存在不确定性问题。该数据库中的生物学参数来源于不同的评估方法,比如,生物量动态模型(biomass dynamics model)[6, 137]、实际种群分析(virtual population analysis)[5, 7, 133, 138, 139]、统计渔获量年龄 — 结构模型(statistical catch age-structure models)[134, 140] 和综合评估方法[8, 11] 等。不同种群评估中使用的种群招募关系形式也不同,有的种群使用 Beverton-Holt 招募关系,而有的种群可能使用 Ricker 招募关系[131]。不同种群评估方法估计的种群生物参考点可能存在很大差异,因此可能无法直接比较。

为了确保数据的一致性,我们提出一种替代方法。假设 RAMLD 数据库中由各种不同方法估计得到的生物量时间序列数据($T_B$)是真实、可靠的,我们对所有种群的生物量和捕获量时间序列数据统一拟合 Schaefer 剩余生产模型,因为该方法被广泛应用于种群状态评估,被认为是最简单有效的种群评估方法[131, 132]。我们将 Schaefer 剩余生产模型拟合的生物参考点,包括内禀增长率($r$)、种群承载力($K$)、种群饱和度($S$)以及最大可持续产量(MSY)的值作为真值,以提供与仅捕获方法估计值进行比较的基准。

当每种鱼类剩余产量等于总生物量的净变化加上捕获量,如式(5 - 13)所示,那么 Schaefer 剩余产量模型就可以表示为式(5 - 14)。

$$P_{i,y} = B_{i,y+1} - B_{i,y} + C_{i,y} \qquad (5-13)$$

$$P_{i,y} = r_i B_{i,y} \left(1 - \frac{B_{i,y}}{K_i}\right) + \varepsilon_{i,y} \qquad (5-14)$$

其中，$P_{i,y}$ 是种群 $i$ 在第 $y$ 年的剩余产量，$B_{i,y}$ 和 $B_{i,y+1}$ 分别是种群 $i$ 在第 $y$ 年和 $y+1$ 年的生物量，$C_{i,y}$ 是种群 $i$ 在第 $y$ 年的捕获量。

Schaefer 剩余产量模型有两个未知参数：内禀增长率（$r$）和种群承载能力（$K$）[59]。Froese 等[2] 的 CMSY 方法和 Zhou 等[1] 的 OCOM 方法都是用该 Schaefer 剩余产量模型。本书对前面从 RAMLD 中选出的真值所对应的种群应用非线性最小二乘法（nls）拟合 Schaefer 剩余产量模型。有一些种群的模型不收敛，或者拟合结果很差，这可能是因为 RAMLD 数据库中生物量的估计时间序列不可靠。因此，我们使用式（5-15）所示的标准均方误差选取拟合结果较可靠的种群。

$$s\text{MSE} = \frac{(B_{iy} - \hat{B}_{i,y})^2}{n\,\bar{B}_i} \qquad (5-15)$$

其中，$B_{i,y}$ 是 RAMLD 中记录的种群 $i$ 在第 $y$ 年的生物量，$\hat{B}_{i,y}$ 是我们用 Schaefer 剩余产量对种群 $i$ 在第 $y$ 年的生物量的拟合值，$n$ 是生物量时间序列长度，$\bar{B}_i$ 是种群 $i$ 在 $n$ 年中的平均生物量。模型不收敛、$r$ 值为负值或者 $s\text{MSE}$ 大于 1 000 的种群都被排除在外。

初始和最终的种群饱和度水平定义如下。

$$S_{i,0} = \frac{B_{i,1}}{K_i} \qquad (5-16)$$

$$S_{i,e} = \frac{B_{i,e}}{K_i} \qquad (5-17)$$

其中 $B_{i,1}$ 和 $B_{i,e}$ 分别是种群 $i$ 生物量时间序列中第一年和最后一年的生物量。

我们将第一种直接从 RAMLD 中提取的生物参考点参数称作 RAM 真值，将第二种通过拟合 Schaefer 剩余产量模型得到的生物参考点参数称作 BDM 真值。经过以上过程筛选，共得到 73 个种群的 RAM 真值和 80 个种群的 BDM 真值，分别见附录 3 和附录 4。

### 5.2.3　模型评价

为了评估改进 OCOM 模型对生物参考点的预测性能,我们使用相对误差(relative error,RE)、绝对相对误差(absolute relative error,ARE)和绝对误差(absolute error,AE)作为模型评价指标,如式(5–18)至式(5–20)所示。

$$RE = \frac{\theta_{\text{OCOM}} - \theta_{\text{true}}}{\theta_{\text{true}}} \tag{5–18}$$

$$ARE = \left| \frac{\theta_{\text{OCOM}} - \theta_{\text{true}}}{\theta_{\text{true}}} \right| \tag{5–19}$$

$$AE = \left| \theta_{\text{OCOM}} - \theta_{\text{true}} \right| \tag{5–20}$$

其中,$\theta_{\text{OCOM}}$ 和 $\theta_{\text{true}}$ 分别是使用 OCOM 方法估计的生物参考点参数和种群动态模型(BDM)所估计的生物参考点参数。

## 5.3　结果

### 5.3.1　新旧内禀增长率比较

为了比较改进 OCOM 中使用的基于贝叶斯层次误差模型估计的内禀增长率与原始 OCOM 中使用的内禀增长率,本书共选取了 178 个拥有捕获量和生物量时间序列数据,以及模型中所需生活史参数($M$ 和 $T_{\max}$)的种群。改进 OCOM 方法中新的内禀增长率值是根据式(5–6)所示的贝叶斯层次误差模型计算所得,原始 OCOM 方法中的内禀增长率是通过 Zhou 等[1]建立的最大可持续产量下的渔获死亡率与自然死亡率之间的关系间接得到的(硬骨鱼:$r = 2F_{\text{MSY}} = 1.74M$,软骨鱼:$r = 2F_{\text{MSY}} = 0.82M$)。

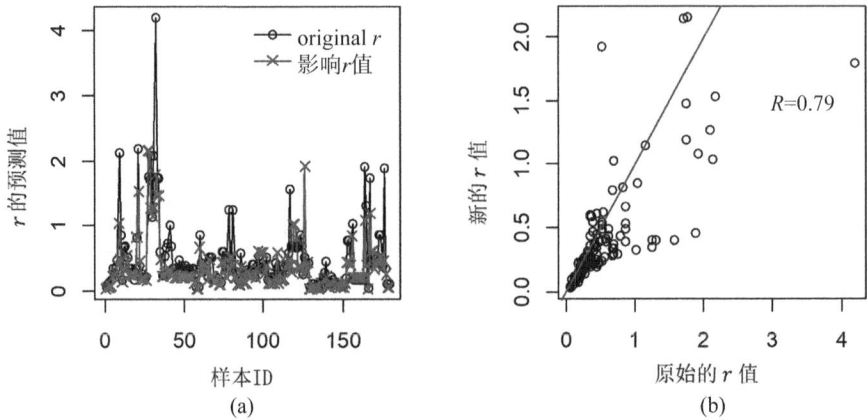

**图 5-3　本书使用内禀增长率与原始 OCOM 中内禀增长率比较**

（a）内禀增长率；（b）相关系数

注：original $r$ 为原始 OCOM 中通过 $F_{MSY}$ 和 $M$ 之间的关系间接估计的内禀增长率；new $r$ 为本书通过贝叶斯层次误差模型计算的内禀增长率。

　　由图 5-3（a）可知，总体上，新估计的 $r$ 值更为保守，比原始 OCOM 中的内禀增长率要小。在 178 个种群中，79%（141 个）的种群新内禀增长率比原始 OCOM 中方法估计的内禀增长率小。原始 OCOM 中通过最大可持续产量下渔获死亡率与自然死亡率间接估计内禀增长率的方法可能会高估那些寿命较长或自然死亡率较大种群的内禀增长率，例如日本对虾（Engraulis japonicus）。图 5-3（b）表明新旧内禀增长率之间的相关系数仅为 0.79，这主要是因为原始 OCOM 中对部分种群的内禀增长率过高估计。

　　分别应用贝叶斯层次误差模型和原始 OCOM 模型中的方法对两组真值中的种群进行内禀增长率估计。从图 5-4 的散点图可知，不论以哪种真值作为基准，贝叶斯层次误差模型估计的内禀增长率与真值之间的相关性都比原始 OCOM 方法中的内禀增长率与真值之间的相关性更高。

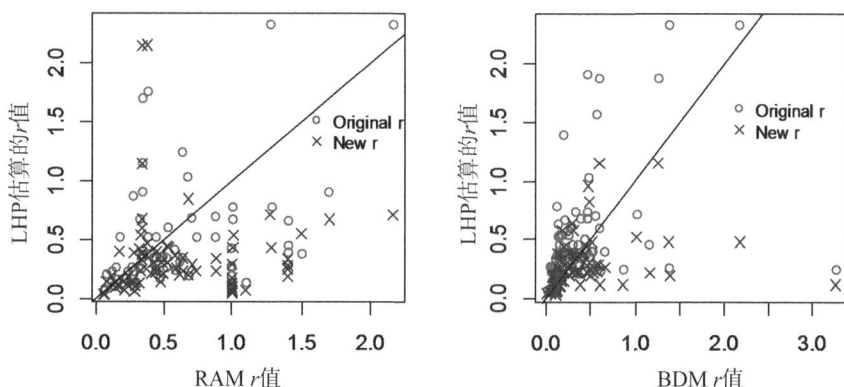

**图 5-4　本书所用内禀增长率和原始 OCOM 中内禀增长率分别与两种真值的相关性**

注:Original $r$ 为原始 OCOM 中通过 $F_{MSY}$ 和 $M$ 之间的关系间接估计的内禀增长率; New $r$ 为本章通过贝叶斯层次误差模型计算的内禀增长率。

### 5.3.2　两种真值比较

RAM 真值和 BDM 真值中仅有 35 个相同的种群。由图 5-5 可知，两组真值中，这 35 个种群的种群承载率 $K$ 和最大可持续产量 MSY 都具有很高的相关性，相关性均为 0.99。两组真值中内禀增长率 $r$ 和种群耗竭率 $S$ 的相关性较低，分别为 0.55 和 0.59。这可能主要是因为 RAMLD 数据库中的参数是由不同方法估计的，不同方法对同一参数的估计结果也可能存在很大差异。对于内禀增长率，由图 5-5(a)可知，对于同一种群，RAM 真值中的内禀增长率总体上大于 BDM 真值的内禀增长率。但是，由于真正的种群内禀增长率值是未知的，即使是 RAM 和 BDM 真值也只能仅作为参考。

### 5.3.3　新内禀增长率对 OCOM 结果的影响

由图 5-6 和图 5-7 的结果可知相比于原始 OCOM 中通过 $F_{MSY}$ 与 $M$ 之间的关系，基于 $r=2F_{MSY}$ 间接得到的内禀增长率。本书基于贝叶斯层次误差模型的内禀增长率先验信息确实可以提高 OCOM 模型对 4 个

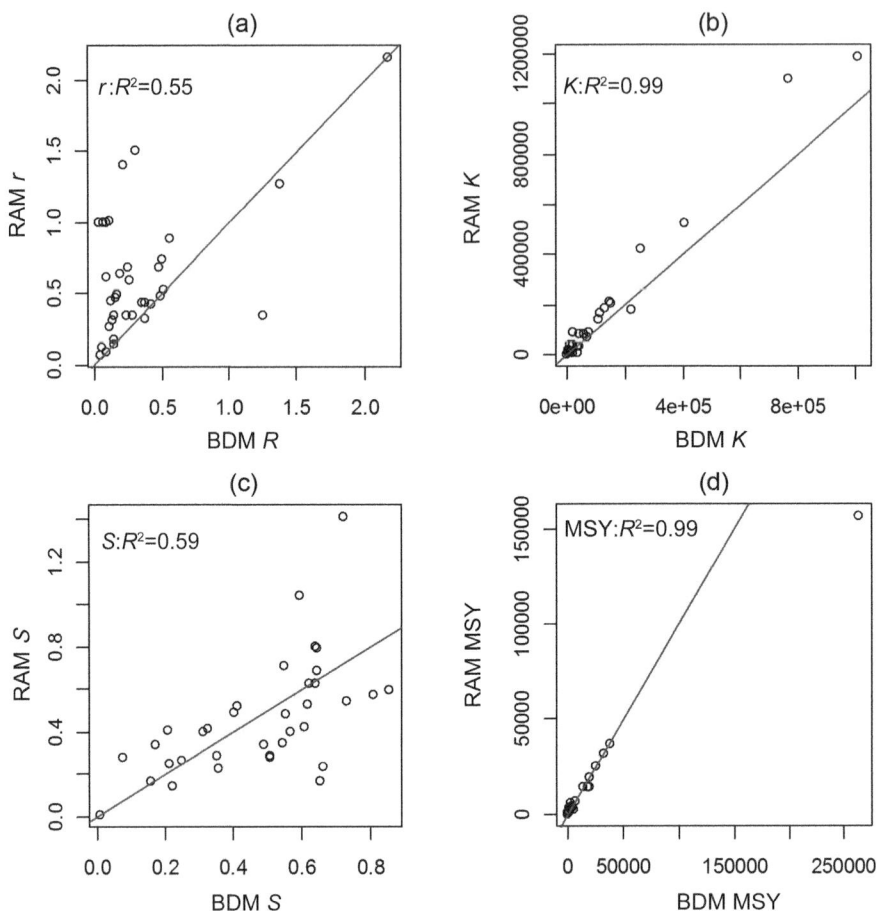

**图 5－5　RAM 和 BDM 两组真值中主要参数比较**

注：RAM 为直接从 RAMLD 中提取的真值；BDM 为应用 Schaefer 剩余生产模型拟合得到的真值；$r$ 为内禀增长率；$K$ 为种群承载力；$S$ 为种群饱和度；MSY 为最大可持续产量。

关键参数（$r$，$K$，$S$，MSY）估计的准确性。OCOM 中使用不同内禀增长率先验得到的参数估计值相对于两种真值的误差结果见附录 5 和附录 6。

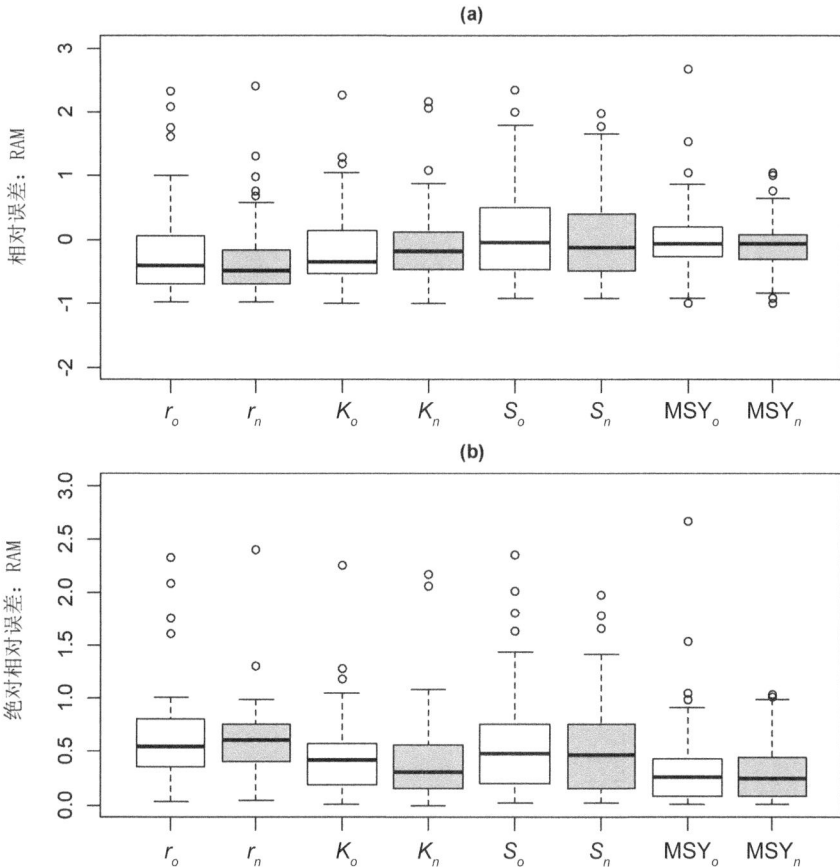

图 5‑6　使用不同内禀增长率的 OCOM 结果与 RAM 真值比较的误差

注：RAM 为直接从 RAMLD 数据库中提取的真值；$r_o$、$K_o$、$S_o$ 和 $MSY_o$ 表示使用原始 OCOM 方法中的内禀增长率先验估计的结果；$r_n$、$K_n$、$S_n$ 和 $MSY_n$ 表示 OCOM 中使用本书贝叶斯层次误差模型计算得到的内禀增长率先验估计的结果。

RAM 和 BDM 两种真值之间本身的差异导致 OCOM 估计结果与两种真值相比得到的相对误差并不完全相同。但是，总体上，在 OCOM 中使用本书贝叶斯层次误差模型估计的内禀增长率先验信息时 OCOM 对 4 个关键参数的估计结果的相对误差都更小。当以 RAM 真值为基准时，应用新内禀增长率的 OCOM 对 $r$ 估计的相对误差略大于原始 OCOM 对 $r$ 估计的相对误差。这主要是因为我们选取 RAMLD 数据库

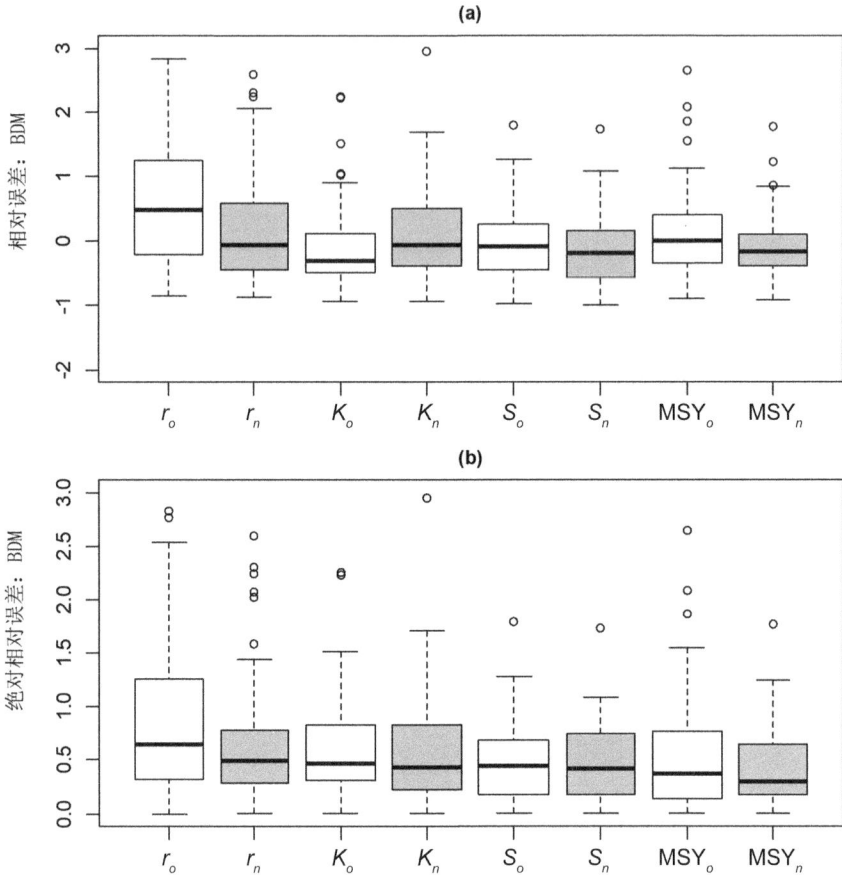

图 5-7　使用不同内禀增长率的 OCOM 结果与 BDM 真值比较的误差

注:BDM 为应用 Schaefer 剩余生产模型拟合得到的真值;$r_o$、$K_o$、$S_o$ 和 $MSY_o$ 表示使用原始 OCOM 方法中的内禀增长率先验估计的结果;$r_n$、$K_n$、$S_n$ 和 $MSY_n$ 表示 OCOM 中使用本书贝叶斯层次误差模型计算得到的内禀增长率先验估计的结果。

中的数据作为真值时,对于那些没有内禀增长率的种群是根据 Schaefer 剩余生产模型估计的 $F_{MSY}$ 的 2 倍作为其内禀增长率真值的,这与原始 OCOM 中的方法一致。因此,理论上原始 OCOM 方法对 $r$ 的估计值应该与 RAM 真值具有更高的相关性。

此外,当我们在 OCOM 中应用贝叶斯层次误差模型估计的内禀增长率先验信息时,结果表明,与原始 OCOM 结果一样,在所估计的 4 个关键参数中,最大可持续产量(MSY)的估计结果最准确,OCOM 对 MSY 估计的绝对相对误差值都最小。但是,使用贝叶斯层次误差模型估计的内禀增长率先验信息的 OCOM 对 MSY 估计的相对误差比原始 OCOM 结果中的相对误差更小,见图 5-6(b)和图 5-7(b)。相比于最大可持续产量和种群承载能力,OCOM 对于种群饱和度水平的估计误差总是比较高。而且使用新的内禀增长率先验信息似乎并没有提高 OCOM 对于种群饱和度水平估计的准确性。不论以 RAM 还是以 BDM 数据为真值,使用新的内禀增长率先验的 OCOM 估计结果与原始 OCOM 估计结果的相对误差基本相等。已有研究表明渔业种群的耗竭率和种群饱和度水平本身是很难被准确估计的,因此使用两种不同的真值作为基准,得到基本一致的估计误差,这说明 OCOM 方法对有限数据渔业种群饱和度水平的估计结果在有限数据渔业种群资源评估与管理中具有一定的参考价值。

值得注意的是,尽管 OCOM 对大部分种群关键参数估计的相对误差都很小,但是,图 5-6 和图 5-7 的箱线图也表明 OCOM 方法对 4 个关键参数估计结果都有个别异常值。比如,种群"MORWONGESE",OCOM 方法估计的 MSY 为 235 000,而 RAM 真值仅为 468.41;种群"GEMFISHSE",OCOM 方法估计的 $K$ 值为 20 676.6t,而 BDM 估计的 $K$ 值为 693 129.6t 等。这可能是因为我们所用的 RAMLD 数据库中个别种群的捕获时间序列数据存在一定偏差,这些种群的捕获时间序列数据的来源可能还需要进一步确认。当捕获量时间序列数据确保无误时,还需要进一步确认这些种群的内禀增长率和种群饱和度水平先验信息是否准确合理。

### 5.3.3　CPUE 对 OCOM 的影响

不包含 CPUE 时间序列数据的 OCOM 和原始 OCOM 方法都使用式(5-8)所示的目标函数 $f_1$。而当 OCOM 方法中包含 CPUE 数据时,我们使用式(5-9)所示的最优化目标函数 $f_2$,同时最小化 $S$ 和 CPUE 的平均绝对误差。

图 5-8 和图 5-9 分别给出了以 RAM 和 BDM 作为真值情况下，OCOM 中使用不同长度的 CPUE 数据对 4 个关键参数估计值与真值之间的相关性。总体上，不论以哪一种真值作为基准，相比于原始的 OCOM 估计结果，使用全部 CPUE 时间序列的改进 OCOM 方法对 4 个关键参数的估计结果与真值的相关性都更高。但是，如果只在 OCOM 中加入部分 CPUE 数据，如 2 年、5 年、10 年、15 年和 20 年，这种较短的 CPUE 时间序列数据并不会显著提升原始 OCOM 的估计结果。而且，不论 OCOM 方法中是否包含 CPUE 数据，且不管 CPUE 时间序列的长度是多少，OCOM 方法对 MSY 的估计结果都更准确。当以 RAM 为真值时，OCOM 方法对 MSY 的估计值与真值之间的相关性在 0.745—0.794 之间。当以 BDM 为真值时，OCOM 方法对 MSY 的估计值与真值之间的相关性在 0.630—0.838 之间。

OCOM 中加入不同长度的 CPUE 数据似乎对种群内禀增长率的影响都很小。而且，在 OCOM 中添加不同长度的 CPUE 数据对种群内禀增长率估计值与 BDM 真值的相关性略高于其与 RAM 真值的相关性。在 OCOM 中添加不同长度的 CPUE 数据对种群内禀增长率估计值与 RAM 真值之间的相关性都在 0.746—0.753 之间，而其与 BDM 真值之间的相关性均在 0.751—0.793 之间。这可能主要因为 OCOM 中的 $r$ 是基于给定的内禀增长率先验范围而得出的，有限的 CPUE 数据对其影响很小。

OCOM 方法对种群承载能力 $K$ 的估计值与两组真值之间的相关性有较大差异。OCOM 对种群承载能力的估计值与 RAM 真值之间的相关性在 0.652—0.727 之间，而且，随着 OCOM 中融入的 CPUE 时间序列长度增加，OCOM 估计值与 RAM 真值之间的相关性也增加。但是，OCOM 方法对种群承载能力的估计值与 BDM 真值之间的相关性仅在 0.3 左右，远远小于其与 RAM 真值之间的相关性，且在 OCOM 中融入不同长度的 CPUE 数据似乎对 OCOM 估计值没有太大影响。

　　相比于最大可持续产量、种群承载能力和种群内禀增长率,OCOM 对于种群饱和度水平 $S$ 的估计值与两种真值之间的相关性都很低。在 OCOM 中增加 2、5、10、15、20 年的 CPUE 时间序列都对其结果影响不大,OCOM 对种群饱和度水平估计值与 RAM 真值之间的相关性均小于 0.2,与 BDM 真值之间的相关性小于 0.3。但是,当 OCOM 中包含完整 CPUE 时间序列时,OCOM 对种群饱和度水平的估计值有了巨大改变, 包含完整 CPUE 时间序列数据的 OCOM 模型对种群饱和度水平估计值与 RAM 真值之间的相关性为 0.519,其与 BDM 真值之间的相关性为 0.678。这说明,完整的 CPUE 时间序列能够大大提升 OCOM 模型对种群饱和度水平估计的准确性。

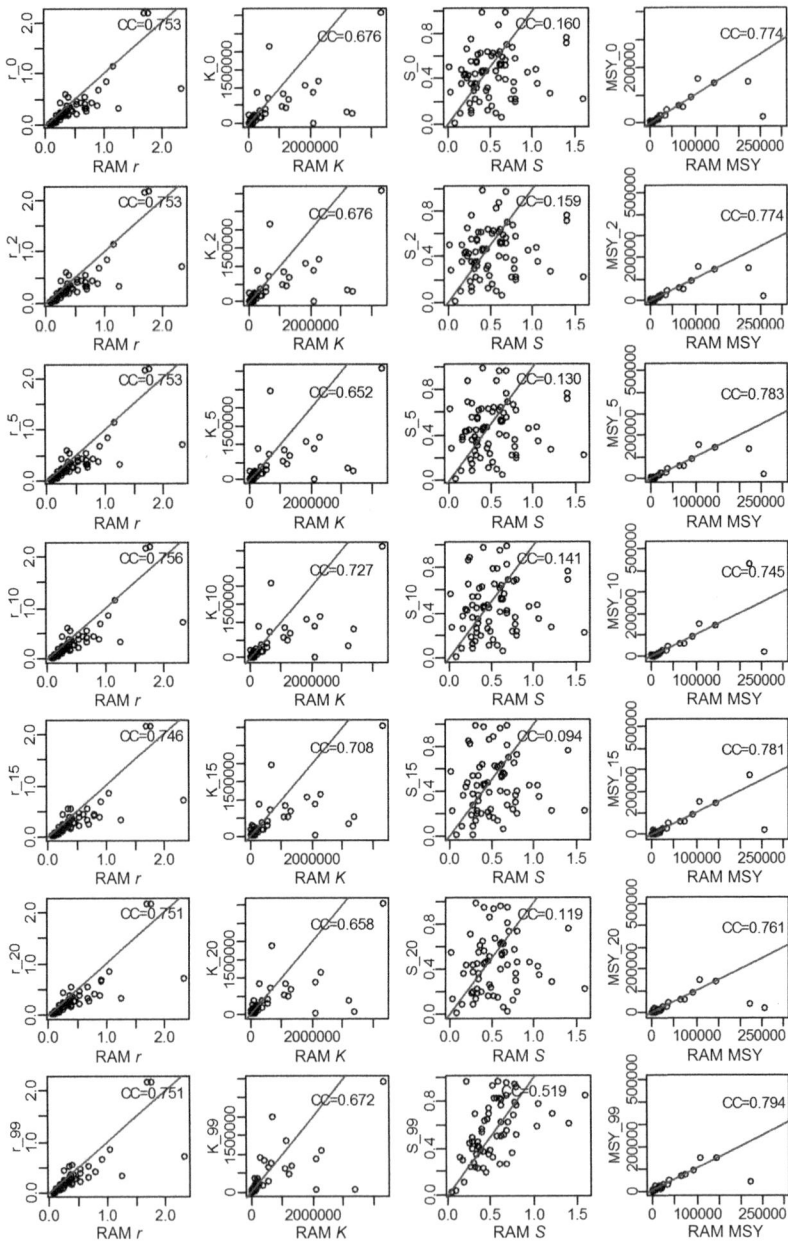

**图 5-8　CPUE 数据对 OCOM 结果的影响（以 RAM 结果作为真值）**

注:RAM 为直接从 RAMLD 中提取的真值;每个参数后面的数字为包含 CPUE 时间序列的长度,其中 99 表示使用全部可用年份的时间序列;CC 为相关系数(correlation coefficient)。

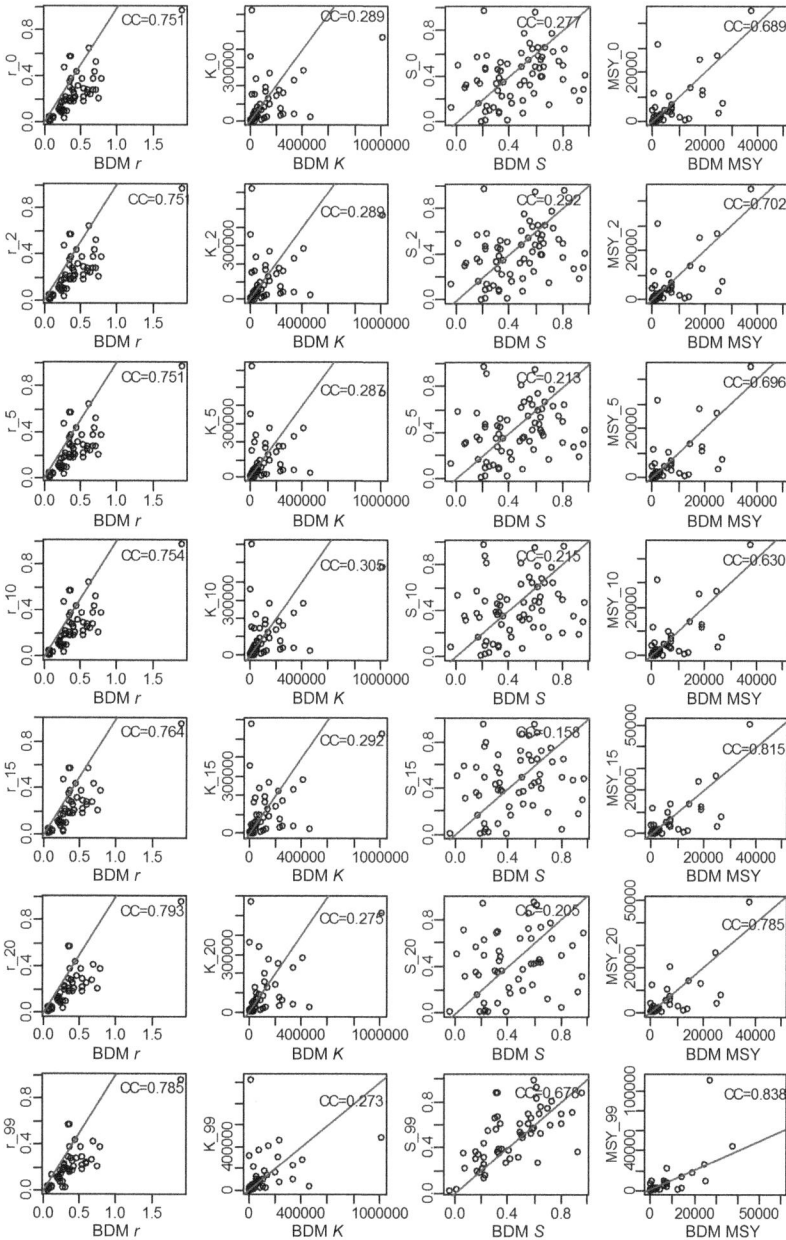

**图 5 - 9　CPUE 数据对 OCOM 结果的影响(以 BDM 结果作为真值)**

　　注:BDM 为应用 Schaefer 剩余生产模型拟合得到的真值;每个参数后面的数字为包含 CPUE 时间序列的长度,其中 99 表示使用全部可用年份的时间序列;CC 为相关系数(correlation coefficient)。

表 5 - 1　原始 OCOM 与使用完整 CPUE 数据的 OCOM 参数估计结果与
两组真值之间的相关性

| 真值 | CPUE | $r$ | $K$ | $S$ | MSY |
|------|------|-----|-----|-----|-----|
| RAM | CPUE0 | 0.753 | 0.676 | 0.160 | 0.774 |
| | CPUE99 | 0.751 | 0.672 | 0.519 | 0.794 |
| BDM | CPUE0 | 0.751 | 0.289 | 0.277 | 0.698 |
| | CPUE99 | 0.785 | 0.273 | 0.678 | 0.838 |

注:CPUE0 为 OCOM 中不包含 CPUE 时间序列数据;CPUE99 为 OCOM 中包含完整时间序列数据。

由表 5 - 1 可知,在 OCOM 中添加完整的 CPUE 时间序列数据,对种群承载能力和内禀增长率估计值的影响微小,但是的确可以改善原始 OCOM 对种群最大可持续产量和种群饱和度水平的估计。相比于不包含 CPUE 数据的 OCOM,包含完整 CPUE 时间序列的 OCOM 方法似乎并没有改进 OCOM 对 $K$ 和 $r$ 的估计值。但是,在 OCOM 中添加完整的 CPUE 时间序列对 MSY 估计值与两组真值之间的相关性都有所提高。 OCOM 对 $K$ 的估计值与两组真值之间的相关性具有较大差异。不论 OCOM 中是否包含 CPUE 数据,OCOM 方法对 $K$ 的估计值与 RAM 真值之间的相关性都在 0.67 左右,但是与 BDM 真值之间的相关性都小于 0.3。CPUE 时间序列对 $S$ 的结果影响最大。当 OCOM 中添加完整的 CPUE 时间序列数据时,$S$ 与 RAM 真值之间的相关性从 0.160 提高到了 0.519,$S$ 与 BDM 真值之间的相关性从 0.277 提高到了 0.678。

在原始 OCOM 方法中包含 CPUE 数据可以调整估计的生物量轨迹,以模拟丰度指数的时间模式。我们假设这可以改进对某些参数的估计,如最终耗竭水平。然而,如表 5 - 2 和图 5 - 10 结果所示,当可用的 CPUE 数据有限时,例如只有 2—10 年的 CPUE 数据,在 OCOM 中包含 CPUE 数据对参数估计结果影响很小。这可能主要由以下原因引起的。

(1)改进 OCOM 方法中以最小化 CPUE 和生物量对于其均值的相

对值为目标,当 CPUE 时间序列较短时,不足以影响模型估计的结果。

(2)大部分种群的 CPUE 数据都是近几年的 CPUE 数据,这对近几年的生物量估计结果有更大的影响。因此,如果在 OCOM 中包含更多的 CPUE 数据可能会使得结果更准确。例如,根据表 5 - 2 可知,当以 BDM 真值为参考依据时,原始 OCOM 方法对种群饱和度水平估计的相对误差平均值为 0.641,而当 OCOM 中包含完整的 CPUE 时间序列时,其对种群饱和度水平估计的相对误差下降到 0.105。当 OCOM 中包含的 CPUE 时间序列数据分别为 0、2、5、10 年时,其对种群饱和度水平估计的误差没有太大差异;但是当 CPUE 时间序列长度大于 15 年后,OCOM 对种群饱和度水平的估计误差明显降低。

表 5 - 2 给出了包含不同长度 CPUE 时间序列的 OCOM 模型对 4 个关键参数估计结果与 RAM 和 BDM 两组真值之间的相对误差、绝对相对误差和绝对误差结果。尽管 OCOM 估计结果与两组真值之间的误差存在差异,但是,与图 5 - 8 和 5 - 9 的相关性分析结果一致,在 4 个关键参数估计结果中,不论 OCOM 方法中包含 CPUE 时间序列长度如何,OCOM 方法对最大可持续产量的估计都最为准确。

在 OCOM 中包含部分 CPUE 时间序列数据似乎并不能显著提升 OCOM 对种群饱和度水平估计的准确性,但是在 OCOM 中包含完整长度的 CPUE 时间序列数据的确可以提高 OCOM 对 $S$ 估计的准确性。当 CPUE 时间序列的长度等于捕获时间序列长度,以 BDM 为真值时,在 OCOM 中包含 CPUE 数据对种群饱和度的估计误差从 0.641 减少到 0.105,相对误差减少了 84%。当以 RAM 为真值时,在 OCOM 中包含 CPUE 数据对种群饱和度 $S$ 的估计误差从 0.827 减少到 0.123,相对误差减少了 85%。

由表 5 - 2 结果可知,无论 OCOM 方法中是否包含 CPUE 数据,不论其所包含的 CPUE 时间序列长度为多少,OCOM 对种群内禀增长率估计的相对误差均小于 0,这说明,总体上 OCOM 方法低估了种群的内禀增长率。而 OCOM 方法对种群承载能力的估计结果却与内禀增长率恰好相反。无论 OCOM 方法中是否包含 CPUE 数据,不论其所包含的 CPUE 时间序列长度为多少,OCOM 对种群内禀承载能力估计的相对误差都大于 0,这说明总体上 OCOM 方法高估了种群的承载能力。但是,从表 5-2 和图 5-10 的结果可以看出,OCOM 中包含的 CPUE 时间序列长度对于种群内禀增长率和种群承载能力的估计似乎没有太大影响。

当以 RAM 真值为参考依据时,OCOM 方法对种群承载能力和最大可持续产量估计的相对误差都大于 0,这说明总体上 OCOM 方法高估了种群承载能力和最大可持续产量。而以 BDM 真值为参考依据时,OCOM 方法对种群承载能力和最大可持续产量的估计误差并不总是大于 0。这主要是因为两组真值本身存在一定差异。但是,随着 OCOM 中 CPUE 时间序列长度的增加,OCOM 对种群承载能力和最大可持续产量估计的相对误差都不断减小。这说明,在 OCOM 中增加 CPUE 时间序列数据的确能够改进其对种群承载能力和最大可持续产量的估计。

表 5-2 改进 OCOM 方法参数估计误差

| Param | $N$ year | RAM param | | | BDM param | | |
|:---:|:---:|:---:|:---:|:---:|:---:|:---:|:---:|
| | | RE | ARE | AE | RE | ARE | AE |
| $r$ | 0 | −0.314 | 0.381 | 0.191 | −0.378 | 0.458 | 0.259 |
| $r$ | 2 | −0.314 | 0.381 | 0.191 | −0.377 | 0.457 | 0.259 |
| $r$ | 5 | −0.314 | 0.381 | 0.191 | −0.378 | 0.458 | 0.259 |
| $r$ | 10 | −0.308 | 0.377 | 0.186 | −0.363 | 0.446 | 0.208 |
| $r$ | 15 | −0.319 | 0.387 | 0.192 | −0.378 | 0.467 | 0.213 |
| $r$ | 20 | −0.330 | 0.383 | 0.191 | −0.395 | 0.457 | 0.222 |
| $r$ | 99 | −0.315 | 0.387 | 0.187 | −0.400 | 0.464 | 0.250 |
| $K$ | 0 | 0.235 | 0.723 | 261 572 | 0.279 | 0.754 | 62 538 |
| $K$ | 2 | 0.241 | 0.723 | 261 506 | 0.282 | 0.756 | 62 455 |
| $K$ | 5 | 0.246 | 0.733 | 265 871 | 0.313 | 0.773 | 63 065 |

（续表）

| Param | N year | RAM param | | | BDM param | | |
|-------|--------|-----------|------|------|-----------|------|------|
|       |        | RE        | ARE  | AE   | RE        | ARE  | AE   |
| $K$   | 10     | 0.224     | 0.723 | 260 571 | 0.253  | 0.721 | 56 087 |
| $K$   | 15     | 0.274     | 0.753 | 273 518 | 0.260  | 0.747 | 62 555 |
| $K$   | 20     | 0.196     | 0.674 | 280 559 | 0.127  | 0.622 | 65 094 |
| $K$   | 99     | 0.188     | 0.590 | 256 644 | 0.217  | 0.667 | 83 801 |
| $S$   | 0      | 0.827     | 1.332 | 0.263   | 0.641  | 1.300 | 0.225 |
| $S$   | 2      | 0.840     | 1.340 | 0.265   | 0.640  | 1.303 | 0.225 |
| $S$   | 5      | 0.949     | 1.455 | 0.271   | 0.796  | 1.451 | 0.241 |
| $S$   | 10     | 0.974     | 1.505 | 0.280   | 0.831  | 1.468 | 0.252 |
| $S$   | 15     | 0.966     | 1.514 | 0.282   | $-0.146$ | 0.500 | 0.237 |
| $S$   | 20     | 0.901     | 1.466 | 0.282   | $-0.251$ | 0.454 | 0.226 |
| $S$   | 99     | 0.123     | 0.428 | 0.203   | 0.105  | 0.331 | 0.130 |
| MSY   | 0      | 0.124     | 0.476 | 14165   | 0.200  | 0.689 | 3 927 |
| MSY   | 2      | 0.128     | 0.480 | 14 170  | 0.201  | 0.688 | 3 898 |
| MSY   | 5      | 0.132     | 0.489 | 14 223  | 0.219  | 0.688 | 3 949 |
| MSY   | 10     | 0.140     | 0.495 | 16 174  | 0.247  | 0.742 | 2 196 |
| MSY   | 15     | 0.146     | 0.484 | 14 619  | $-0.104$ | 0.396 | 1 893 |
| MSY   | 20     | 0.067     | 0.445 | 17 112  | $-0.127$ | 0.359 | 1 654 |
| MSY   | 99     | 0.061     | 0.329 | 16 242  | $-0.126$ | 0.271 | 1 560 |

注：N year 表示 OCOM 模型中包含 CPUE 时间序列的年份，0 表示不包含 CPUE 数据，99 表示包含全部可用 CPUE 时间序列数据；RAM 为直接从 RAMLD 中提取的真值；BDM 为应用 Schaefer 剩余生产模型拟合得到的真值；RE 为相对误差（relative error）；ARE 为绝对相对误差（absolute relative error）；AE 为绝对误差（absolute）。

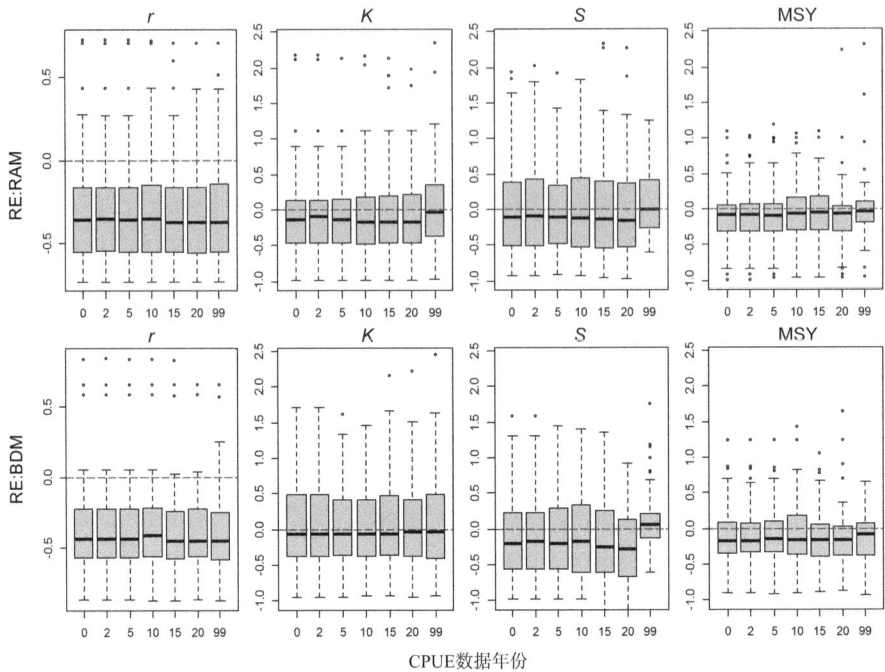

**图 5‑10 改进 OCOM 方法生物参考点估计结果与两种真值结果的比较**

注:RE 为相对误差(relative error);CPUE 数据所用年份中 0 表示不适用 CPUE 数据;99 表示使用全部可用年份的 CPUE 时间序列。

## 5.4 讨论与分析

本章提出的改进 OCOM 模型相比于原始 OCOM 方法主要有两个新的特征:①内禀增长率先验信息来源于通过贝叶斯层次误差模型从生活史参数中直接估计的结果;②在原始 OCOM 方法中融入了种群可获得的 CPUE 数据。

本书第 4 章研究结果已经表明直接从生活史参数与内禀增长率之间的经验关系得到的内禀增长率估计要比通过最大可持续产量下渔获死亡率与自然死亡率之间的关系($r=2F_{MSY}=\beta M$)间接估计的种群内禀增长率更加准确。因此,本书改进 OCOM 模型对种群生物参考点的预测误差小于原始 OCOM 模型也是意料之中。

本章尝试在 OCOM 中加入有限的 CPUE 数据,这种想法不同于 sraplus[3] 等方法,其中模型不估算任何附加参数。通常情况下,使用 CPUE 数据的常用方法是估计可捕捉性 $q$,作为连接丰度指数与生物量的尺度。估计 $q$ 需要 CPUE 时间序列的足够长度。我们的方法是基于 CPUE 在年份之间的比率,因此模型可以容纳最少两年的 CPUE 数据。然而,结果似乎并没有显示出随着 CPUE 时间序列长度增加,所有关键参数估计的准确性也增加的趋势。使用整个 CPUE 数据时间序列可以提高模型对关键参数的预测性能,但对于大部分有限数据渔业种群而言,目前还无法获得完整的 CPUE 时间序列数据。因此,需要进一步研究,以更有效地利用有限的 CPUE 增强仅捕获模型对种群生物参考点估计的准确性。

值得注意的是,本章改进 OCOM 模型的评价受到一系列因素的影响,具有一定的不确定性,包括输入数据的质量,例如种群捕获量时间序列的准确性、种群数量以及种群本身的特点等。此外还受到用于比较的真值的影响。例如,本书所选取的 RAM 和 BDM 两组真值对不同生物参数的结果可能存在较大差异,因此,同这两组真值结果一样,相比于那些数据丰富的渔业种群评估结果,本书改进 OCOM 方法对种群生物参考点的估计也只是对有限数据渔业种群提供一种参考。但这对于有限数据渔业种群可持续发展和管理也可以提供一定的参考依据。

此外,本书在计算 CPUE 数据时,假定捕捞系数 $q$ 为常数。但在实际资源评估中很难保持 $q$ 不变,且 $q$ 具有随着渔业捕捞技术、渔民捕鱼技能的提高而不断提高的趋势[121]。因此,本章假定的常数捕捞系数 $q$ 可能对 CPUE 数据以及最终种群参考点的估计产生影响。

自从联合国可持续发展目标(Sustainable Development Goals, SDGs)提出以来,对全球范围内渔业资源评估与管理也提出了更高要求。但是,目前为止,世界上大多数渔业种群都没有正式的种群评估结果,也没有足够的数据来应用传统方法对其进行评估。等待收集更多的数据来进行渔业种群资源评估并不是全球渔业资源可持续管理的唯一选择。此外,对于许多低价值和规模较小的渔业种群来说,传统数据丰富的模型所需要的数据可能永远也无法令人满意。在这种情况下,任何数据有限方法的改进都值得研究,尽管如本书改进 OCOM 方法一样,不能做到在所有种群和所有参考点估计中都有最好的表现,但至少在某些方面,比如对种群饱和度水平估计可以有很大提升。对有限数据渔业种群评估方法的开发和改进依然是现代渔业资源管理的一大挑战。

# 第 6 章

# 有限数据渔业种群状态评估方法比较

　　针对有限数据渔业种群,学者们已经提出了各种各样的有限数据渔业种群评估方法,并且应用于全球有限数据渔业种群资源评估管理实践。但是,这些已有方法中还没有哪一种方法能够对所有参数和所有种群都给出最佳估计,而且,不同方法对同一生物学参数往往给出并不一样的估计结果[135, 136]。本书对第 5 章提出的改进 OCOM 方法、Froese 等[2] 提出的 CMSY 方法以及最近 Ovando 等[3] 提出的 sraplus 方法进行比较,将这三种方法应用于 RAMLD 数据库中的种群。与大多数研究中通常只关注 $B/B_{\mathrm{MSY}}$ 不同,本书对渔业种群状态相关的 4 个关键参数进行估计,包括内禀增长率($r$)、种群承载能力($K$)、种群饱和度水平($S$)和最大可持续产量(MSY)。结果表明,相比于其他参数,所有仅捕获方法对最大可持续产量的估计都是最准确的。在 OCOM 和 sraplus 中融入整个 CPUE 时间序列的确可以增强仅捕获方法对种群生物学参考点估计的准确性。此外,尽管 sraplus 可以方便地在仅捕获方法中融入更多可获得的特定种群信息,如渔业管理指数(FMI)和扫海面积比(SAR)等,但是,在仅捕获方法中融入 FMI 和 SAR 等数据,似乎并没有提高其对种群生物学参数估计的准确性,尽管 SAR 显示了提供特定种群状态先验的潜力。使用区域水平的 FMI 和 SAR 来评估个别种群可能过于粗糙。

## 6.1　数据来源

　　本书选取 RAMLD 数据库中的种群作为研究对象,因为 RAMLD

中的大部分种群都有完整的捕获量(catch)时间序列数据。但是,本书旨在比较本书第 5 章提出的改进 OCOM 方法、CMSY 方法以及 sraplus 方法。尽管它们都被归为仅捕获方法,主要依赖于渔业种群的捕获量时间序列数据。改进 OCOM 方法还需要种群内禀增长率和种群饱和度水平先验信息。Sraplus 方法还可以融入特定种群的渔业管理指数(FMI)和扫海面积比(SAR)等数据。

本书所用 28 个国家和地区的渔业管理指数数据来自 Melnychuk 等[141]研究结果,见附录 7。33 个国家和地区的扫海面积比数据来源于 Amoroso 等[142]提供的关于全世界拖网捕捞足迹的数据库,见附录 8。

## 6.2 方法

本书中重点比较 OCOM 和 sraplus 方法对渔业种群状态评估结果,根据模型中使用的不同数据,共有如表 6 - 1 所示的 5 种模型。重点比较各个模型对种群承载能力 $K$、内禀增长率 $r$、种群饱和度水平 $S$ 和最大可持续产量 MSY 的估计。

这 5 种模型结果的比较依然基于 RAMLD 数据库中的种群数据,其中,OCOM+CPUE(O+)模型和 sraplus+CPUE(I)模型中所使用的 CPUE 数据由式(5-1)所示的恒定生物量比例计算所得。然后将这 5 种模型的估计结果与 RAM 和 BDM 真值进行比较,并且同样使用式(5-19)到式(5-21)所示的相对误差、绝对相对误差和绝对误差 3 个模型评价指标对其进行比较。

表 6 - 1　本书比较的 5 个种群状态评估模型

| 模型 | 使用数据 |
| --- | --- |
| OCOM(O) | catch、$M$ 和 $T_{max}$ |
| OCOM+CPUE(O+) | catch、CPUE |

（续表）

| 模型 | 使用数据 |
| --- | --- |
| CMSY(C) | catch、FishLife 中的 $r$ |
| sraplus+FMI+SAR(FS) | catch、FMI 和 SAR |
| sraplus+CPUE(I) | catch、CPUE |

注：catch＝渔获量时间序列；$M$＝自然死亡率；$T_{max}$＝最大年龄；CPUE＝单位捕捞努力量渔获量时间序列；$r$＝内禀增长率；FMI＝渔业管理指数；SAR＝扫海面积比；FishLife＝Thorson 等构件的渔业生活史参数数据库（Fisheries life-history database）。

### 6.2.1　OCOM

所有基于捕获量的种群评估方法都需要渔获量时间序列数据。此外，不同方法还可能需要额外的数据。OCOM 方法中除了渔获量时间序列数据之外，还需要种群饱和度水平和内禀增长率先验分布信息。如第 5 章所述，改进 OCOM 方法中还可以融入有限的单位捕捞努力量渔获量数据。

渔业资源是一种可耗竭资源，渔业资源开采和使用的过程也就是耗竭过程，当渔业资源蕴藏量为零时，种群就达到了耗竭状态。种群耗竭率水平（depletion）一般被定义为从未捕捞水平中被耗尽（移走）的种群比例，如式（6-1）所示。

$$D=1-B_t/B_0 \qquad (6-1)$$

其中，$D$ 表示种群耗竭率水平，$B_t$ 表示第 $t$ 年的剩余生物量，$B_0$ 表示种群初始生物量通常也被假设为种群承载力 $K$。

剩余生物量与初始生物量的比例被称为种群饱和度水平（$S=B_t/B_0$）。已有的一些仅捕获方法中通常假定所有种群的饱和度水平为定值（例如 0.4 或者 0.5），然而，OCOM 和 CMSY 方法是使用基于种群渔获量历史数据得到种群饱和度水平的先验信息。如第 5 章所述，OCOM 中种群饱和度水平是根据 Zhou 等[84]建立的提升树模型从数据丰富种群的渔获量历史数据中估计得到的。

原始 OCOM 中的种群内禀增长率是基于剩余生产模型中 $r=2F_{MSY}$ 的假设，并根据 Zhou 等提出的最大可持续产量下渔获死亡率与种群自然死亡率之间的经验关系所得。而本书改进 OCOM 方法，如第 5 章所述，是直接通过内禀增长率与种群生活史参数之间的经验关系所得[$r=f(LHPs)$]。

表 6-2　基于最终捕获量与最大捕获量比值的种群饱和度水平

| $C_{last}/C_{max}$ | $S.low$ | $S.high$ |
|---|---|---|
| > 0.7 | 0.5 | 0.9 |
| < 0.3 | 0.01 | 0.4 |
| >=0.3, <=0.7 | 0.2 | 0.6 |

注：$C_{last}$ 表示最后一年的捕获量，$C_{max}$ 表示最大捕获量。

表 6-3　FishBase 中种群的弹性分配与内禀增长率

| 弹性 | 高 | 中等 | 低 | 非常低 |
|---|---|---|---|---|
| $r(year^{-1})$ | 0.6—1.5 | 0.2—1 | 0.05—0.5 | 0.015—0.1 |

注：$r$ 是种群的内禀增长率。

### 6.2.2　CMSY

本书所使用的 CMSY 算法是 sraplus 中的 CMSY 算法，将捕获量时间序列作为唯一输入。但是，CMSY 中默认种群饱和度水平被分为 3 个范围，如表 6-2 所示。这种种群饱和度水平是根据时间序列中最后一年的捕获量与最大捕获量的比值来划分的。

CMSY 中的内禀增长率先验来自 FishBase(https://www.fishbase.org)中的弹性(resilience)估计。该弹性估计值由 Musick[143]提出，经

Froese 等[77]修正之后为种群内禀增长率的随机样本在允许范围内给定默认值,如表 6 - 2 所示。Fishbase 中将所有种群的 resilience 分为 4 种:高(high)、中等(medium)、低(low)和非常低(very low),如表 6 - 3 所示。而 sraplus 中,通过使用 rFishLife,Thorson 等[132]提出的基于生活史参数的数据集成模型来估计单个种群的内禀增长率。

### 6.2.3　Sraplus

Sraplus 是基于 R 语言开发的一个非常灵活的种群评估工具包,它的创新之处并不在于方法,而在于它将各种数据整合到一个评估框架中[3]。这些数据包括对目标种群生活史的研究数据、渔业专家对于该种群过去和现在种群状态的意见、种群丰度指数、渔业管理指数以及覆盖面积比等。在数据极为有限的情况下,sraplus 模型近似于 Martell 和 Froese 的 catch-msy 方法[77],即从先验分布中抽样得到诸如生长系数或者承载能力等生物参数值,根据渔获量历史信息,在用户规定的范围内产生最初和最后的种群消耗水平,满足对初始和最终消耗所提供的先验。在数据最丰富的情况下,sraplus 模型可以综合丰度指数或单位努力捕捞量数据,同时也可以包含渔业管理指数[141]或覆盖面积比率数据[142]等数据。

Sraplus 主要包含三种模型:①CMSY;②应用采样重要性重采样算法的仅捕获模型,并在仅捕获方法中添加可获得渔业管理指数和扫海面积比等信息;③在有种群丰度指数数据时使用最大似然模型。

渔业管理指数是利用区域专家填写的调查问卷,针对单个种群管理要素相关的 46 个具体问题对渔业进行评分所得。这 46 个具体问题被划分为科学、执行、管理和社会经济学 4 个大类。得分越高,专家就越能判断该渔场种群符合给定的指标。更重要的是,渔业管理指数的调查可以在不进行种群评估的情况下填写[141]。这使我们能够探索渔业管理指数的值如何映射到渔业种群的状态,并探索随后使用渔业管理指数评分来生成评估渔业种群状态先验的能力。Sraplus 中应用贝叶斯广义线性模型对渔业指标(如 $B/B_{MSY}$、$F_{MSY}$ 和 $U/U_{MSY}$ 等)和 4 个 FMI 指标得分之间的关系进行建模,然后使用该贝叶斯广义线性模型来预测渔业指标,并为未评估的渔业产生关于种群状况的先验。

扫海面积比是指拖网捕捞的年总面积除以该区域的总面积。Amoroso 等[142]人提供了一个关于全世界拖网捕捞足迹的数据库,包括两个被种群评估严重覆盖的区域和大部分未被评估的区域。值得注意的是,SAR 可以大于 1,因为同一个区域可以在一年内进行多次拖网。Sraplus 通过建立贝叶斯回归模型构建各种渔业指标(如 $B/B_{MSY}$、$F_{MSY}$ 和 $U/U_{MSY}$ 等)与 SAR 之间的关系。这使得扫海面积比也成为渔业种群状态评估可被利用的数据之一。

理论上,随着所需数据的逐渐增加,sraplus＋FMI 和 SAR 的种群评估结果应优于 CMSY,而 sraplus＋指数在 $B_0$、$r$、MSY 和 $D$ 等生物和渔业参数方面应优于 CMSY 和 sraplus＋FMI 和 SAR。但是,并非所有种群的 FMI 和 SAR 数据都可得,当种群的 FMI 和 SAR 数据缺失时,通常用相邻区域种群的 FMI 和 SAR 数据来代替,因此,结果也会存在一定的偏差和不确定性。

## 6.3 结果

### 6.3.1 模型估计值与两种真值的相关性

由图 6-1 和图 6-2 可知,总体上,不包含 CPUE 时间序列数据的 OCOM 模型(O)对渔业种群关键生物学参数的估计比 CMSY 模型(C)更加准确。

图 6-1 是以 RAM 真值为参考依据时,不包含 CPUE 时间序列数据的 OCOM 模型与 CMSY 模型对 4 个关键参数估计结果的比较。对于相同种群,OCOM 模型对 4 个关键参数估计值与 RAM 真值的相关性远高

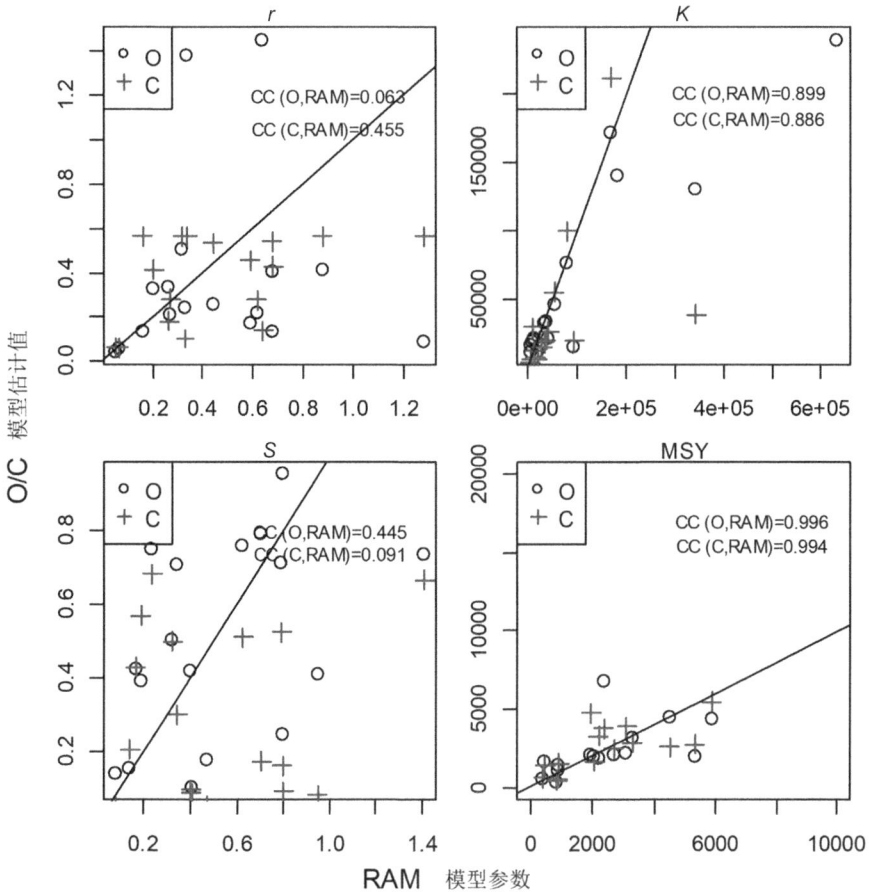

**图 6‑1　不包含 CPUE 的 OCOM 模型 CMSY 模型比较（RAM 真值）**

注：OCOM（O）和 sraplus 中 CMSY（C）都只使用渔获量时间序列数据；RAM 是从 RAMLD 中提取的真值；每一个子图面板顶部的两个数字分别表示 OCOM 与 RAM 和 CMSY 与 RAM 参数的相关系数。

于 CMSY 估计值与 RAM 真值的相关性，除了内禀增长率外。两种方法对最大可持续产量的估计都最为准确，其次是群承载能力。尽管 OCOM 模型的估计结果优于 CMSY 模型，但是 OCOM 与 CMSY 对种群承载能力和最大可持续产量估计值差异不大。但是，不包含 CPUE 时间序列数据的 OCOM 模型对种群饱和度水平的估计值远比 CMSY 对种群饱和度水平的估计更准确。从相关性结果来看，OCOM 方法对种群饱和度水平估计值与 RAM 真值之间的相关性是 CMSY 方法对种群饱和度水平估计值与 RAM 真值相关性的 4.9 倍。

图 6-2 是以 BDM 真值为参考依据时，不包含 CPUE 时间序列数据的 OCOM 模型与 CMSY 模型对 4 个关键参数估计结果的比较。其结果与以 RAM 真值为参考依据时基本一致，OCOM 对 4 个关键参数的估计结果明显好于 CMSY 的估计结果。OCOM 对种群饱和度水平估计值与 BDM 真值的相关性是 CMSY 与 BDM 真值相关性的 1.66 倍。

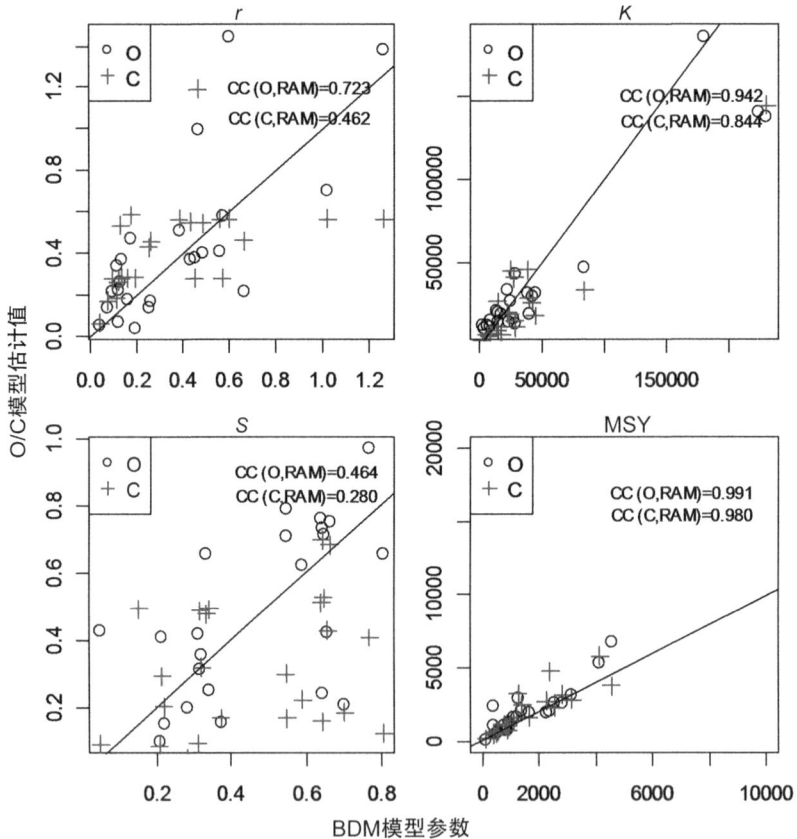

**图 6-2 不包含 CPUE 的 OCOM 模型 CMSY 模型比较（BDM 真值）**

注：OCOM(O)和 sraplus 中 CMSY(C)都只使用渔获量时间序列数据；BDM 是应用 Schaefer 剩余生产模型拟合得到的真值；每一个子图面板顶部的两个数字分别表示 OCOM 与 BDM 和 CMSY 与 BDM 参数的相关系数。

此外,对比图 6-1 和图 6-2 可知,总体上,不包含 CPUE 时间序列数据的 OCOM 模型与 CMSY 模型对 4 个关键参数估计结果与 BDM 真值之间的相关性高于其与 RAM 真值之间的相关性。

由图 6-3 和图 6-4 可知,总体上,包含完整 CPUE 时间序列数据的 OCOM 模型(O+)对渔业种群关键生物学参数的估计比 sraplus 中的包含 CPUE(I)时间序列数据的模型更加准确。

图 6-3 是以 RAM 真值为参考依据时,包含完整 CPUE 时间序列数据的 OCOM 模型与 sraplus 中包含 CPUE 时间序列数据的模型对 4 个关键参数估计结果的比较。对于相同种群,包含完整 CPUE 时间序列数据的 OCOM 模型对 4 个关键参数估计值与 RAM 真值的相关性远高于 sraplus 估计值与 RAM 真值的相关性,除了种群承载能力。两种方法对最大可持续产量的估计都最为准确,其次是群承载能力。尽管 O+ 模型对最大可持续性产量估计值与 RAM 真值的相关性高于 I 模型对最大可持续性产量估计值与 RAM 真值的相关性,两种模型对于 MSY 估计的差异很小。相比于 MSY,O+ 模型对种群饱和度水平估计值与 RAM 真值的相关性比 I 模型对种群饱和度水平估计值高很多。O+ 模型对种群饱和度水平估计值与 RAM 真值的相关性是 I 模型对种群饱和度水平估计值与 RAM 真值的相关性的 1.74 倍。

图 6-4 是以 BDM 真值为参考依据时,包含完整 CPUE 时间序列数据的 OCOM 模型与 sraplus 中包含 CPUE 时间序列数据的模型对 4 个关键参数估计结果的比较。其结果与以 RAM 真值为参考依据时一致,包含完整 CPUE 时间序列数据的 OCOM 模型对 4 个关键参数估计结果明显好于 sraplus 中包含 CPUE 时间序列数据的模型对 4 个关键参数估计结果。

此外,对比图 6-3 和图 6-4 可知,总体上,包含完整 CPUE 时间序列数据的 OCOM 模型与 sraplus 中包含 CPUE 时间序列数据的模型对 4 个关键参数估计结果与 BDM 真值之间的相关性高于其与 RAM 真值之间的相关性。

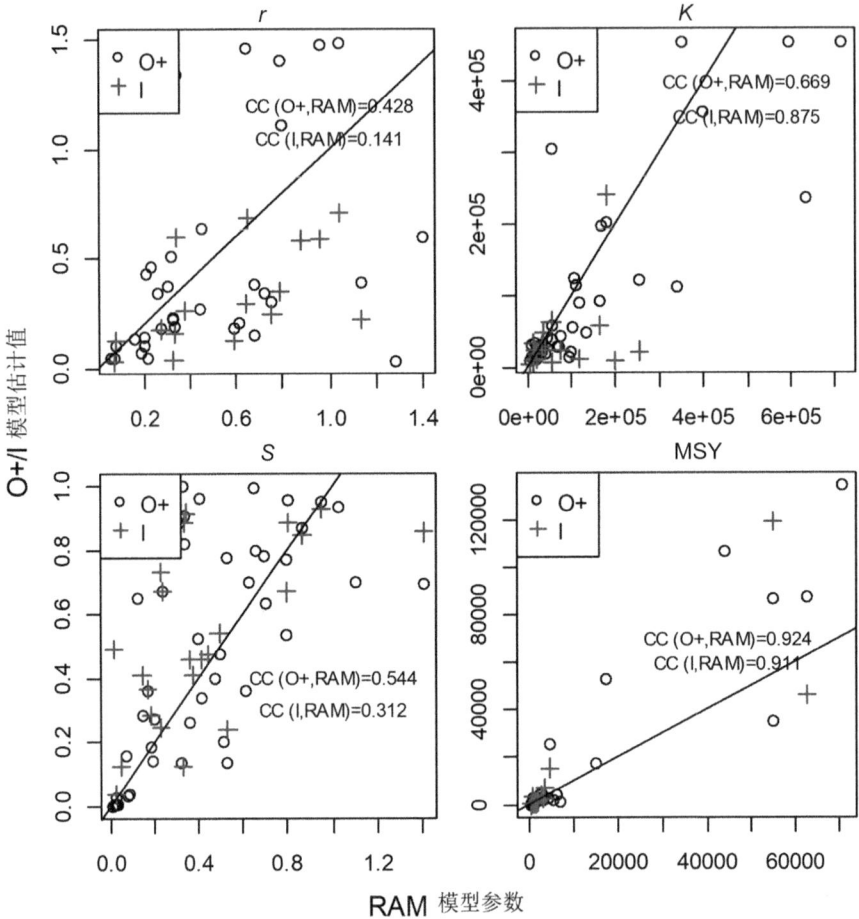

**图 6-3　包含 CPUE 的 OCOM 模型与 sraplus 方法比较（RAM 真值）**

注：OCOM（O＋）和 sraplus＋CPUE（I）模型都在渔获量时间序列基础上加入了 CPUE 时间序列数据；RAM 是从 RAMLD 中提取的真值；每一个子图面板顶部的两个数字分别表示 OCOM 与 RAM 和 CMSY 与 RAM 参数的相关系数。

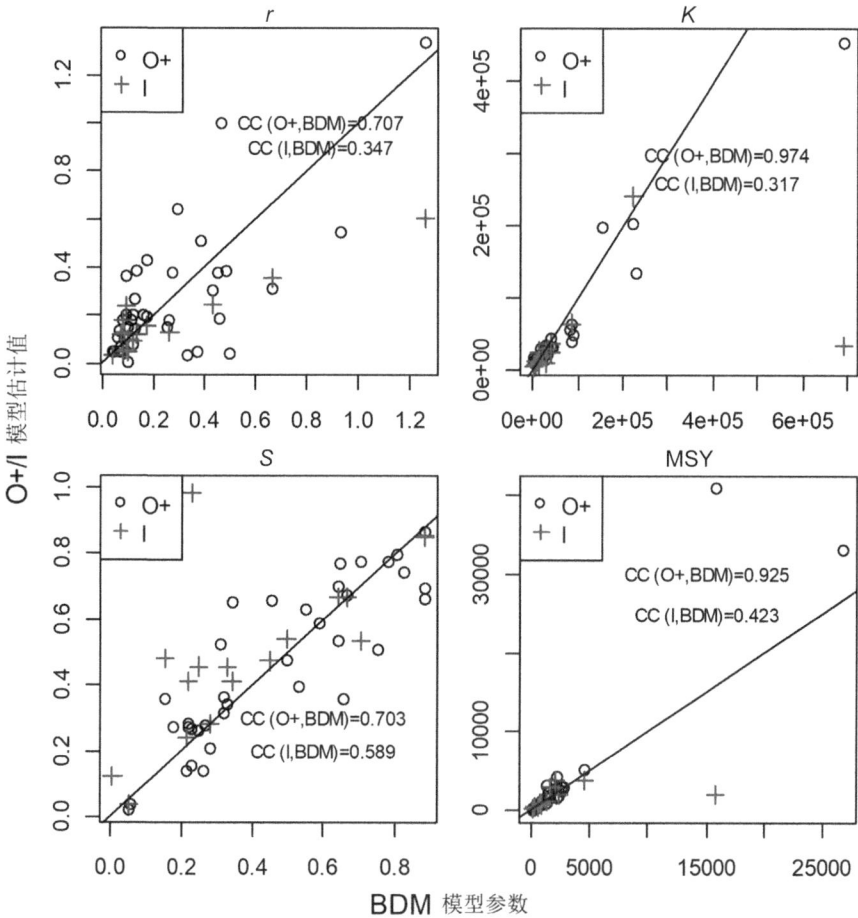

**图 6 - 4　包含 CPUE 的 OCOM 模型与 sraplus 方法比较（BDM 真值）**

注：OCOM（O＋）和 sraplus＋CPUE（I）模型都在渔获量时间序列基础上加入了
CPUE 时间序列数据；BDM 是应用 Schaefer 剩余生产模型拟合得到的真值；每一个子图
面板顶部的两个数字分别表示 OCOM 与 BDM 和 CMSY 与 BDM 参数的相关系数。

### 6.3.2　模型估计误差比较

图 6 - 5 给出了不包含 CPUE 时间序列数据的 OCOM 模型、包含
CPUE 时间序列数据的 OCOM 模型、CMSY 模型、sraplus 中使用 CPUE
时间序列的模型和 sraplus 中使用渔业种群管理指数和扫海面积比数据

的方法对渔业种群 4 个关键参数估计相对误差对比结果。

与相关性分析结果一致,从相对误差来看,OCOM 模型对 4 个关键参数的估计结果优于 sraplus 方法。总体上,不包含 CPUE 时间序列数据的 OCOM 模型对 4 个关键参数的估计的相对误差小于 sraplus 中 CMSY 模型对 4 个关键参数估计的相对误差。包含完整 CPUE 时间序列数据的 OCOM 模型对 4 个关键参数估计的相对误差小于 sraplus 中包含 CPUE 时间序列数据的模型对 4 个关键参数估计的相对误差。

此外,由图 6-5 可知,尽管 sraplus 方法可以方便融入特定区域种群的渔业管理指数和扫海面积比等数据,sraplus 中应用渔业管理指数和扫海面积比数据的模型对于 4 个关键参数估计的相对误差远高于其他 4 种方法。

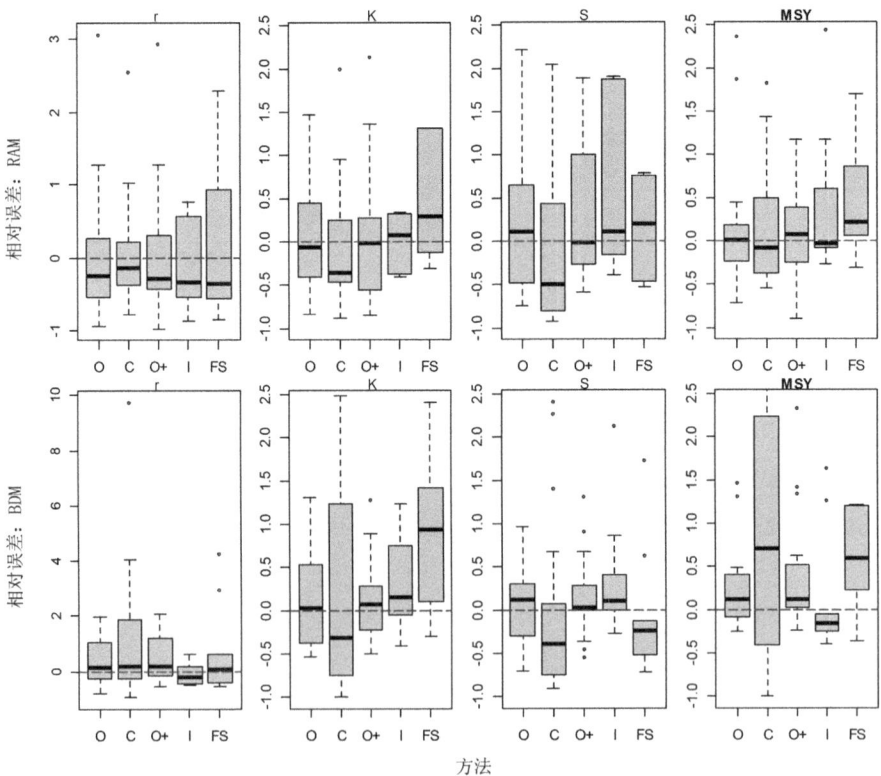

图 6-5 5 种模型对关键参数估计值与两种真值之间的相对误差

注：O＝OCOM（无 CPUE）；O＋＝OCOM＋CPUE；C＝CMSY 来自 sraplus；FS＝sraplus＋FMI＋SAR；I＝sraplus＋index（CPUE）；RE 是相对误差；RAM 是从 RAMLD 中提取的真值 BDM：应用 Schaefer 剩余生产模型拟合得到的真值。

　　为了进一步比较 5 种模型对渔业种群关键参数评估结果，本书分别计算了各种模型对 4 个关键参数估计结果与 RAM 和 BDM 真值之间的相对误差（MRE）、绝对相对误差（ARE）和绝对误差（MAE）的均值和中位数用于模型比较和选择。

　　表 6-4 给出了不同模型对种群内禀增长率估计误差的均值和中位数。模型估计结果相比于两组真值得到的误差并不完全一致。由表 6-4 可知，当以 BDM 真值为参考依据时，包含 CPUE 时间序列数据的 sraplus 方法（sra＋CPUE）总体上低估种群的内禀增长率，其他方法都略高估种群的内禀增长率。而当以 RAM 真值为参考依据时，包含 CPUE 时间序列数据的 OCOM 模型（OCOM＋CPUE）和包含 CPUE 数据的 sraplus 模型（sra＋CPUE）总体上都低估种群的内禀增长率，其他 3 种模型略高估种群的内禀增长率。而且，当以 RAM 真值为参考依据时，包含 CPUE 时间序列数据的 OCOM 模型俊平相对误差最小，仅为－0.007。从相对误差均值来看，不论模型中是否包含 CPUE 时间序列数据，OOCM 方法总体上都优于 sraplus 方法。

表 6-4　不同模型对 $r$ 的估计值与两种真值之间的误差比较

| 模型 | 误差指标 | $r$ 与 RAM 真值的误差 | | $r$ 与 BDM 真值的误差 | |
|---|---|---|---|---|---|
| | | 均值 | 中位数 | 均值 | 中位数 |
| OCOM | RE | 0.027 | －0.250 | 0.371 | 0.127 |
| CMSY | RE | 0.060 | －0.145 | 1.217 | 0.169 |
| OCOM＋CPUE | RE | －0.007 | －0.310 | 0.441 | 0.162 |
| sra＋CPUE | RE | －0.257 | －0.434 | －0.109 | －0.226 |
| sra＋FMI＋SAR | RE | 0.119 | －0.355 | 0.650 | 0.064 |

（续表）

| 模型 | 误差指标 | $r$ 与 RAM 真值的误差 | | $r$ 与 BDM 真值的误差 | |
|------|----------|------|--------|------|--------|
| | | 均值 | 中位数 | 均值 | 中位数 |
| OCOM | ARE | 0.646 | 0.477 | 0.673 | 0.436 |
| CMSY | ARE | **0.527** | **0.363** | 1.549 | 0.951 |
| OCOM+CPUE | ARE | 0.641 | 0.392 | 0.658 | **0.341** |
| sra+CPUE | ARE | 0.591 | 0.552 | **0.342** | 0.425 |
| sra+FMI+SAR | ARE | 0.854 | 0.747 | 0.909 | 0.481 |
| OCOM | AE | 0.331 | 0.187 | 0.175 | 0.123 |
| CMSY | AE | **0.218** | 0.217 | 0.266 | 0.269 |
| OCOM+CPUE | AE | 0.323 | **0.174** | 0.168 | 0.100 |
| sra+CPUE | AE | 0.228 | 0.274 | **0.141** | **0.046** |
| sra+FMI+SAR | AE | 0.256 | 0.284 | 0.154 | 0.053 |

注：RE＝相对误差；ARE＝绝对相对误差；AE＝绝对误差；加粗数字表示该度量指标下的最小误差。

　　表 6-5 给出了不同模型对种群承载能力估计误差的均值和中位数。从相对误差结果来看，总体上包含 CPUE 时间序列数据的 OCOM 模型在种群承载能力估计中表现最优。当以 BDM 真值为参考依据时，相对误差均值和中位数都表明包含 CPUE 时间序列数据的 OCOM 模型都表现最好，相对误差均值和中位数都最小。但是，当以 RAM 真值为参考依据时，从相对误差均值来看，不包含 CPUE 时间序列数据的 OCOM 模型表现最好；从相对误差中位数来看，依然是包含 CPUE 时间序列数据的 OCOM 模型表现最优。从绝对相对误差来看，当以 BDM 真值为参考依据时，结果与相对误差结果一致，都表明包含 CPUE 的 OCOM 模型对种群承载能力估计结果最准确，绝对相对误差均值和中位数都最小。绝对误差结果表明，以 BDM 真值为参考依据时，包含 CPUE 数据的 sraplus 方法对种群承载能力估计误差最小。而当以 RAM 真值作为参考依据时，绝对相对误差和绝对误差均值都表明不包含 CPUE 时间序列的

OCOM 模型对种群承载能力估计误差最小。

表 6-5 不同模型对 $K$ 的估计值与两种真值之间的误差比较

| 模型 | 误差指标 | $K$ 与 RAM 真值的误差 | | $K$ 与 BDM 真值的误差 | |
| --- | --- | --- | --- | --- | --- |
| | | 均值 | 中位数 | 均值 | 中位数 |
| OCOM | RE | 0.050 | −0.070 | 0.437 | 0.030 |
| CMSY | RE | −0.087 | −0.355 | 0.829 | −0.319 |
| OCOM+CPUE | RE | 0.387 | −0.010 | 0.074 | −0.008 |
| sra+CPUE | RE | 2.066 | 0.084 | 0.276 | 0.146 |
| sra+FMI+SAR | RE | 1.883 | 0.299 | 1.257 | 0.967 |
| OCOM | ARE | 0.485 | 0.419 | 0.749 | 0.424 |
| CMSY | ARE | 0.549 | 0.454 | 0.931 | 0.859 |
| OCOM+CPUE | ARE | 0.801 | 0.404 | 0.341 | 0.268 |
| sra+CPUE | ARE | 2.360 | 0.355 | 0.451 | 0.351 |
| sra+FMI+SAR | ARE | 1.994 | 0.365 | 1.314 | 0.967 |
| OCOM | AE | 45 534 | 7 385 | 15 840 | 7 909 |
| CMSY | AE | 70 675 | 13 687 | 73 300 | 16 390 |
| OCOM+CPUE | AE | 71 455 | 14 204 | 13 049 | 7 105 |
| sra+CPUE | AE | 183 811 | 13 563 | 10 988 | 5 110 |
| sra+FMI+SAR | AE | 500 883 | 19 803 | 30 151 | 13 231 |

注:RE=相对误差;ARE=绝对相对误差;AE=绝对误差;加粗数字表示该度量指标下的最小误差。

表 6-6 给出了不同模型对种群饱和度水平估计误差的均值和中位数。总体上,包含 CPUE 时间序列数据的 OCOM 模型对种群饱和度水平的估计明显优于其他模型。不论以 RAM 真值作为参考依据还是以 BDM 真值作为参考依据,包含 CPUE 时间序列数据的 OCOM 模型对种群饱和度水平估计的误差都更小。相对误差、绝对相对误差和绝对误差的均值和中位数结果基本一致,尽管以 RAM 真值作为参考依据时相对误差均值结果表明 CMSY 对种群饱和度水平估计结果比包含 CPUE 的

OCOM 模型估计结果更好。但是,这两种模型对种群饱和度水平估计的相对误差均值差异很小。同样,以 RAM 真值作为参考依据时,绝对相对误差中位数表明包含 CPUE 时间序列数据的 sraplus 方法的误差更小,其次是包含 CPUE 的 OCOM 模型。但是,这两种模型绝对相对误差中位数差异也很小。绝对误差均值和中位数结果一致表明包含 CPUE 时间序列数据的 OCOM 模型对种群饱和度水平估计误差最小。因此,总体上,包含 CPUE 时间序列数据的模型在种群饱和度水平估计中显现出极大的优势。

表 6-6　不同模型对 $S$ 的估计值与两种真值之间的误差比较

| 模型 | 误差指标 | $S$ 与 RAM 真值的误差 | | $S$ 与 BDM 真值的误差 | |
|---|---|---|---|---|---|
| | | 均值 | 中位数 | 均值 | 中位数 |
| OCOM | RE | 0.253 | 0.101 | 0.481 | 0.116 |
| CMSY | RE | −0.103 | −0.499 | 0.281 | −0.388 |
| OCOM+CPUE | RE | 0.196 | −0.027 | −0.095 | 0.062 |
| sra+CPUE | RE | 0.631 | 0.105 | 0.373 | 0.107 |
| sra+FMI+SAR | RE | 0.504 | 0.194 | 1.024 | 0.125 |
| OCOM | ARE | 0.611 | 0.562 | 0.789 | 0.304 |
| CMSY | ARE | 0.829 | 0.779 | 0.714 | 0.579 |
| OCOM+CPUE | ARE | **0.517** | 0.303 | **0.447** | **0.179** |
| sra+CPUE | ARE | 0.775 | **0.278** | 0.465 | 0.265 |
| sra+FMI+SAR | ARE | 0.875 | 0.577 | 1.223 | 0.381 |
| OCOM | AE | 0.247 | 0.191 | 0.186 | 0.120 |
| CMSY | AE | 0.388 | 0.351 | 0.292 | 0.322 |
| OCOM+CPUE | AE | **0.188** | **0.122** | **0.130** | **0.075** |
| sra+CPUE | AE | 0.263 | 0.199 | 0.138 | 0.127 |
| sra+FMI+SAR | AE | 0.336 | 0.264 | 0.234 | 0.203 |

注:RE=相对误差;ARE=绝对相对误差;AE=绝对误差;加粗数字表示该度量指标下的最小误差。

表 6-7 给出了不同模型对种群最大可持续产量估计误差的均值和中位数。尽管以两组真值作为参考依据时,得到的误差结果并不完全相同,但是,总体上,OCOM 模型对种群最大可持续产量的估计结果优于 sraplus 方法。包含 CPUE 和不包含 CPUE 时间序列数据的 OCOM 模型对种群最大可持续产量的估计误差都比 sraplus 方法估计误差更小。

表 6-7  不同模型对 MSY 的估计值与两种真值之间的误差比较

| 模型 | 误差指标 | MSY 与 RAM 真值的误差 | | MSY 与 BDM 真值的误差 | |
|---|---|---|---|---|---|
| | | 均值 | 中位数 | 均值 | 中位数 |
| OCOM | RE | 0.182 | **0.013** | 0.387 | 0.125 |
| CMSY | RE | **0.167** | −0.078 | 3.695 | 0.712 |
| OCOM+CPUE | RE | 0.525 | 0.059 | 0.314 | **0.093** |
| sra+CPUE | RE | 0.456 | −0.030 | **0.086** | −0.165 |
| sra+FMI+SAR | RE | 0.561 | 0.310 | 0.556 | 0.593 |
| OCOM | ARE | **0.452** | **0.210** | 0.476 | 0.195 |
| CMSY | ARE | 0.510 | 0.435 | 4.229 | 0.963 |
| OCOM+CPUE | ARE | 0.874 | 0.323 | **0.361** | **0.125** |
| sra+CPUE | ARE | 0.600 | 0.223 | 0.441 | 0.256 |
| sra+FMI+SAR | ARE | 0.637 | 0.351 | 0.665 | 0.593 |
| OCOM | AE | 2116 | **368** | 1050 | 316 |
| CMSY | AE | 1893 | 533 | 3668 | 1800 |
| OCOM+CPUE | AE | **1425** | 571 | **752** | **219** |
| sra+CPUE | AE | 4196 | 828 | 1201 | 268 |
| sra+FMI+SAR | AE | 3512 | 752 | 946 | 639 |

注:RE=相对误差;ARE=绝对相对误差;AE=绝对误差;加粗数字表示该度量指标下的最小误差。

综上可知,总体上,OCOM 模型对种群生物学参数估计结果优于 sraplus 方法。包含 CPUE 时间序列数据的模型优于不包含 CPUE 时间序列数据的模型。尽管 sraplus 方法的优势在于可以方便融入特定种群的渔业管理指数数据和扫海面积比数据，但是只使用渔业管理指数数据和扫海面积比数据来估计渔业种群的生物学参数似乎太粗糙。相比于其他 4 种模型，应用渔业管理指数数据和扫海面积比数据的 sraplus 方法对 4 个关键参数估计的误差都更大。这可能主要是因为 FMI 数据是基于渔业专家的调查问卷所得，问卷设计的合理性、问卷回答的质量以及访问对象的主观因素都使得 FMI 数据存在很大不确定性。而且，大部分种群的 SAR 数据不可得时，模型性使用其相邻区域其他种群的 SAR 数据进行代替也是造成这一结果的原因。因此，在 CPUE 数据可得的情况下，推荐使用 OCOM＋CPUE(O＋)模型进行种群生物参考点的参数估计。

在本书所估计的 4 个生物参考点关键参数中，所有基于渔获量时间序列数据的方法对最大可持续产量 MSY 的估计都最准确、可靠，而对种群饱和度水平 $S$ 的估计结果最差。要得到有限数据渔业种群饱和度水平的准确估计可能还需要其他数据，或者开发其他针对有限数据渔业种群饱和度水平评估的方法。

## 6.4 讨论与分析

渔业种群生物量和捕捞死亡率状况以及有关的生物参考点通常都是通过定量种群评估方法来估计的，这需要大量的渔业统计数据，而且在技术上通常具有一定挑战。由于全球 80% 的渔业捕获量都来自未经评估的种群，联合国粮农组织指出全球渔业资源监测与保护任务艰巨。因此，联合国粮农组织提出了一个基于 Ovando 等[11]的研究构建有限数据渔业种群评估框架的项目，即构建 sraplus。

本书将 sraplus 应用于 RAMLD 数据库中的种群，并与 OCOM 模型进行比较。但是除了 CMSY 之外，这些模型除了渔获量时间序列数据之外还需要其他的数据。OCOM＋CPUE(O＋)和 sraplus＋CPUE(I)除了渔获量时间序列数据之外都需要 CPUE 数据，sraplus＋FMI＋SAR(FS)

方法除了渔获量时间序列数据还加入了 FMI[141] 和 SAR[142] 数据。使用渔获量时间序列和丰度指数的 sraplus 是数据更为丰富的传统方法。虽然被比较的这 5 种模型使用了不同的数据,将它们进行比较可能存在一定的问题和结果的不确定性,但是,这种比较结果也可以粗略地揭示替代模型的总体特征。

本书研究结果再一次验证了基于渔获量时间序列的方法在对种群生物参考点参数估计中对最大可持续产量 MSY 的估计比其他参数的估计结果更加准确[1, 77]。基于仅捕获方法的种群饱和度水平估计结果与两种真值都有较大偏差。因此,在使用仅捕获方法作为渔业种群评估工具时,管理人员应该集中使用最大可持续产量作为最佳生物参考点。

在 5 种基于渔获量数据的模型中,sra＋FMI＋SAR 在所有参数估计中都表现较差。这表明使用区域水平的 FMI 和 SAR 来评估个别种群可能过于粗糙,尽管 SAR 显示了提供特定渔业种群状态先验的潜力。然而,在 OCOM 和 sraplus 中使用 CPUE 的完整时间序列将非常有助于增强仅限捕获的方法的改进。

在对 5 种基于捕获数据的方法进行对比过程中,我们发现有个别种群,例如 GEMFISHSE 的估计结果与两组真值参数都存在很大差异。非线性 BDM 的生物量是 RAM 真值中 $B_0$ 的 60 倍。GEMFISHSE 是在澳大利亚南部和东部的鳞鱼和鲨鱼渔业中收获的鱼类。自 20 世纪 80 年代末以来的种群评估显示,20 世纪 80 年代初,成鱼生物量急剧下降,因此,80 年代末其生物量非常小。

Punt 和 Smith[145] 指出,使用种群丰度指数、年龄和长度等数据的种群综合评估方法表明,有些鱼类种群,例如 Gemfish 的生产力,是会随着时间下降的。而仅捕获方法假定在整个渔获历史上 $K$ 和 $r$ 是恒定的,不能更新 $r$ 的先验分布,因此无法捕捉到这种动态的影响。在世界上一定还有其他种群 Gemfish 一样其生产力随着种群生态结构的变化而变化,因此在这种情况下,仅捕获方法与数据丰富的综合评估方法的结果是无法比拟的,除非仅捕获方法也能检测到种群生态结构的变化,并相应地时时改变其种群生产力。

整体上本书 OCOM 方法对 4 个关键生物参考点参数的估计结果更准确,这可能主要归因于本书改进 OCOM 方法中使用了直接从生活史参数中用贝叶斯层次误差模型估计的内禀增长率先验,从一系列生活史参数估计得到的种群饱和度先验以及通过最优化方法得到的 $K$。然而,仍然有相当大一部分种群的估计结果存在很大偏差,因此针对有限数据的仅捕获方法还需要进一步改进,以使其适用于广泛的种群之中。

# 第 7 章

# 主要结论及展望

渔业资源的可持续发展,是全球海洋生态保护与人类生计平衡的核心诉求。在有限数据渔业资源评估与管理的探索之路上,我们历经诸多分析与实践。此前章节已对相关背景、现状及具体评估方法等深入剖析,而此章作为总结与展望的关键部分,将系统梳理主要研究成果,提炼核心结论,为渔业资源管理提供科学指引。同时,也会针对当前研究的不足提出改进方向,对未来发展予以合理展望,开启渔业资源评估新征程的深度思考。

## 7.1 主要结论

渔业资源评估是制定合理的渔业管理计划,实现渔业资源可持续开发和利用的基础。联合国可持续发展目标(SDG)对全球范围内渔业种群资源评估提出了更高的要求。目前,全球绝大多数种群都未得到正式的种群评估,也没有足够的数据来应用传统的数据丰富的评估方法进行评估。但是,收集更多数据并等待综合模型得以使用并不是有限数据渔业资源可持续管理的唯一选择。此外,对许多低价值和小型渔业来说,传统数据丰富的模型所需要的数据可能永远无法获得。因此,在这种情况下,任何有限数据渔业种群评估方法的尝试和改进都值得研究。

本书通过文献整理分析,收集、汇编渔业生活史参数数据集,结合已有 RAMLD 数据库公开数据集,采用基于树的集成模型和贝叶斯层次误差模型方法为研究工具,建立渔业种群自然死亡率和内禀增长率与各种生活史参数之间的经验关系以为广大有限数据渔业种群生物学参数评估提供科学依据;并且应用基于贝叶斯层次误差模型得到的种群内禀增长率分布信息和可获得的 CPUE 数据改进针对有限数据渔业种群资源评估的 OCOM 方法;并比较了现有的几种针对有限数据渔业资源评估的仅捕获方法,以为渔业资源管理者提供有限数据渔业资源评估的最佳模型。主要结论如下。

(1)基于树的集成模型能够显著提升渔业自然死亡率估计的准确性。与现有文献中的传统统计回归模型相比,基于树的集成模型不仅可以有效利用有限数据,而且可以同时估计硬骨鱼和软骨鱼的自然死亡率,且不需要像传统统计回归模型那样在模型中引入虚拟变量。与目前被广泛使用的 Then 等提出的传统回归模型相比,本书基于集成学习的提升树模型可以显著提高自然死亡率的预测精度。

(2)本书提升树模型与 Then 等的研究结果一致表明最大年龄 $T_{max}$ 是所有生活史参数中对鱼类种群自然死亡率影响最大的变量。而渐进长度 $L_{inf}$ 对鱼类种群自然死亡率的影响很小。

(3)渔业种群内禀增长率与生活史参数之间的经验关系是那些只有简单生活史参数的有限数据渔业种群内禀增长率评估的有效方法。相比于 Ricker 等提出的 $r=2F_{MSY}$ 经验估计方法,本书中基于贝叶斯层次误差模型的内禀增长率评估方法对渔业种群的内禀增长率估计结果更加准确。因为,本书提出的贝叶斯层次误差模型不仅包含了鱼类生活史参数本身的测量误差也包含了模型估计的过程误差。因为生活史参数本身的测量误差不可避免,因此,在应用这些生活史参数估计鱼类种群的内禀增长率时最好将其测量误差纳入模型。

(4)在自然死亡率、von Bertalanffy 生长率、渐近长度、最大年龄、成熟年龄和体长中,种群最大年龄对内禀增长率的影响最大,其次是自然死亡率。当模型中已经有 $T_{max}$ 和 $M$ 时,再加入其他生活史参数似乎对 $r$ 的估计结果并没有太大影响。基于 $T_{\max}$ 的最佳模型为：$r = 4.553/T_{\max}$（无脊椎动物）、$r = 2.663/T_{\max}$（软骨鱼）、$r = 5.752/T_{\max}$（硬骨鱼）。基于 $M$ 的最佳模型为：$r = 2.036M$（无脊椎动物）、$r = 0.661M$（软骨鱼）、$r = 1.736M$（硬骨鱼）。

（5）基于贝叶斯层次误差模型的内禀增长率分布结果可以改进原始 OCOM 结果。总体上，在 OCOM 中使用本书贝叶斯层次误差模型估计的内禀增长率先验信息时 OCOM 对 4 个关键参数的估计结果的相对误差都更小。

（6）CPUE 数据对 OCOM 结果的影响。不论以哪一种真值作为基准，相比于原始的 OCOM 估计结果，使用全部 CPUE 时间序列的改进 OCOM 方法对 4 个关键参数的估计结果与真值的相关性都更高。但是，如果只在 OCOM 中加入部分 CPUE 数据，如 2 年、5 年、10 年、15 年和 20 年，这种较短的 CPUE 时间序列数据并不会显著提升原始 OCOM 的估计结果。而且，不论 OCOM 方法中是否包含 CPUE 数据，且不管 CPUE 时间序列的长度是多少，OCOM 方法对 MSY 的估计结果都更准确。

（7）现有渔业种群数据质量较差。本书在验证改进 OCOM 方法中，选取了 RAM 和 BDM 两组真值，但是这两组真值中 4 个关键参数存在较大差异，两组真值相关性较低，尤其是种群承载能力和种群饱和度水平。然而，与这两组"真实"值相比，基于自然死亡率和最大寿命的新估计的 $r$ 比仅根据自然死亡率估计的原始 $r$ 与这两种"真实"值有更高的相关性。我们建议用这两个 BHEIVMs 来构造 $r$ 先验。

（8）在 5 种基于渔获量数据的模型中，sra+FMI+SAR 在所有参数估计中都表现较差。尽管 SAR 显示了提供特定种群状态先验的潜力，使用区域水平的 FMI 和 SAR 来评估个别种群可能过于粗糙。因此，在使用 sraplus 方便融入各种可用数据时，也要注意，并不是所有种群相关数据都能提升其种群资源评估结果。

（9）基于渔获量时间序列的方法在对种群生物参考点参数估计中对

最大可持续产量(MSY)的估计比其他参数的估计结果更加准确。基于仅捕获方法的种群饱和度水平估计结果与 RAM 和 BDM 两组真值都有较大偏差。因此,在使用仅捕获方法作为渔业种群评估工具时,管理人员应该集中使用最大可持续产量作为最佳生物参考点。

## 7.2 管理建议

为了实现"海洋 30"目标,保证人类对于渔业资源的可持续开发利用,维护海洋生态系统的健康发展,世界各国必须进一步强化渔业资源保护意识,加强渔业资源保护措施,尤其是对那些经济价值较低、体量较小、还未得到有效科学评估的有限数据渔业种群。在针对有限数据渔业种群资源评估时应重点注意以下几点。

(1)进一步加强对渔业种群资源的数据监测和收集。自从 20 世纪 50 年代后,国内外开始涌现大量关于渔业资源评估的量化研究。但是,已有渔业数据存在很大不确定性,质量较差,而且现有研究主要针对硬骨鱼,关于软骨鱼的数据和研究都很少。此外,国内外关于有限数据渔业种群资源评估的研究都处于刚起步阶段,尤其是中国关于有限数据渔业资源评估的研究少之又少。尽管现有的有限数据渔业种群资源评估方法能够为有限数据渔业种群的生物学参数和种群状态给出量化评估结果,但这种估计值存在很大不确定性,只能作为大概参考。不同方法针对同一种群的估计结果并不完全一致。因此,为了实现有限数据渔业资源的可持续利用和发展,保护整个海洋生态系统,渔业资源管理部门应该积极引入传感技术、机器学习等先进技术,加强对海洋渔业资源的数据监测和收集,以为渔业资源的准确评估提供研究基础。

(2)构建渔业种群资源评估综合体系。渔业种群资源评估并不仅仅是对渔业种群生物学参数的估计,还涉及鱼类种群和渔民对管理政策和其他外部因子的动态反应。随着世界各国对渔业资源评估和保护意识的加强，随着渔获技术、渔业检测技术、数据收集技术的改进，我们应该综合渔业种群自身的生物学特征、渔民反应和其他外部因素，进一步对有限数据渔业种群的动态变化做出准确评估，掌握、预测渔业种群对管理政策变化的反应，这样才能更好地保护海洋生态系统的功能正常运转和产出能力，保证有限数据渔业资源可持续发展。

（3）保证渔业管理专家建议及时、有效实施。渔业资源评估作为渔业资源管理的基础，仅是保证渔业资源实现可持续发展的一个环节。在渔业资源准确评估的基础上，还需要有效的渔业管理来配合才能真正提高渔业资源的经济和社会效益，避免北海鲱鱼[91]一样的失败管理案例。在准确掌握有限数据渔业种群生物学特征、种群状态的情况下，一旦发现问题，渔业管理决策者们应该尽快考察、接受专家建议，采取相应的管理措施并保证实施。

## 7.3　研究展望

本书基于荟萃分析，首次提出构建渔业种群自然死亡率和内禀增长率与各种生活史参数之间的经验关系来进行有限数据渔业种群生物学特征估计，提出基于可靠内禀增长率和单位捕捞努力量渔获量的改进OCOM 方法进行有限数据渔业种群资源评估，为渔业资源管理者掌握有限数据渔业种群的生长、死亡、产量等信息以及有限数据渔业资源可持续开发利用提供了一定的科学依据。但是，本研究中仍存在一些不足之处，需要未来进一步研究和补充，主要表现在以下几个方面。

（1）本书假定渔业种群的自然死亡率为恒定值。鱼类种群的自然死亡率是影响群体数量变动的主要参数之一。自然死亡率指单位时间内的鱼群自然死亡数量。因此，实际上自然死亡率是一个与时间有关的变量，鱼类种群生活环境的变化，如种群密度、水温和天气等自然因素的影响，也会对鱼类的自然死亡率产生一定影响。因此，在未来的研究中，在有关有限数据渔业种群更多信息可获得的情况下,估计鱼类种群的动态自然死亡率是有必要的。

(2)现有渔业数据质量较差。本书所用数据主要来源于对已有文献研究的荟萃分析和 RAMLD 数据库。但是从第 5 章中选取的两组真值数据比较结果来看,针对同一种群,应用不同方法在不同研究中得到的种群关键生物学参数估计结果也不一致。因此,以后的研究中可以考虑首先使用统一的方法对其进行生活史参数估计,再将其用作其他生物学参数与生活史参数关系的构建。或者,结合遥感技术、图像识别等先进工具提高渔业数据质量。

(3)完整的单位捕捞努力量渔获量数据难以获得。单位捕捞努力量渔获量被认为与渔业种群丰度成正比,因此,本书通过 CPUE 与生物量之间的关系,使用恒定生物量($CPUE_y = qB_y$)比例来估计 CPUE。该方法只是对 CPUE 数据的粗略估计,未来研究中需要进一步应用更复杂的数据插值方法来补全 CPUE 时间序列数据。

(4)软骨鱼数据和相关研究极度缺乏。尽管相比于已有研究,本书收集、汇编的数据集中增加了部分软骨鱼数据,但是软骨鱼数据在总体中所占的比例依然很小。使用本书根据已有数据构建的渔业种群自然死亡率和内禀增长率与各种生活史参数之间的经验关系,可以给那些仅有简单的生活史参数数据的鱼类种群自然死亡率和内禀增长率一个参考值,但要得到更加细化、准确的估计,还需要对软骨鱼进行更深入的研究。

# 附　录

## 附录 1　本书开发的 Mestimate R package
## 下载及安装方法

本书开发的基于提升树的自然死亡率估计 R package 可以在作者的 github 账号下载。下载地址：https://github.com/ChanjuanLiu92

R package 的安装方法如下：

```
library(devtools)
install_github("ChanjuanLiu92/Rcode/Mestimate")
library("Mestimate")
```

# 附录 2　贝叶斯层次变量误差模型求解代码示例

```
rm(list=ls())
library(lattice)
library("R2WinBUGS") # Load the R2WinBUGS library
library("lme4")
### 1. Data generation
# Generate two samples of body mass measurements of male peregrines
dat=read.csv("E:\\\\01-doctor_LCJ\\\\09-fishery\\\\02-r_LHPs paper\\\\data\\
\\162data\\\\rdata162.csv")
r=dat $ r
Tmax=dat $ Tmax
group=dat $ group
n=162
library(xlsx)
data_test=read.xlsx("E:\\\\01-doctor_LCJ\\\\09-fishery\\\\02-r_LHPs paper\\\\
data\\\\162data\\\\new 10 stocks.xlsx",1,title=T)
m=nrow(data_test)
r.test.ob=data_test $ r
Tmax.test=data_test $ Tmax
group.test=data_test $ group
group.test
### 2.Analysis using WinBUGS
#R work directory
setwd("E:\\\\01-doctor_LCJ\\\\09-fishery\\\\02-r_LHPs paper\\\\
20200312BHEIV\\\\rTmaxgroup") # May have to adapt that
# Save BUGS description of the model to working directory
sink("model.txt")
cat("
```

```
model {
# hyper-prior
mu.bTmax ~ dnorm(0, 0.01)
tau.bTmax~ dgamma(0.5,0.01)
# prior
for(gp in 1:3){
bTmax[gp] ~dnorm(mu.bTmax, tau.bTmax)
}
tau.Tmax ~ dgamma(0.01,0.01)
tau.r~dgamma(0.01,0.01)
# Likelihood
for(i in 1:n){
LgTmax[i] <-log(Tmax[i])
estTmax[i] ~ dlnorm(LgTmax[i], tau.Tmax)
r[i] ~ dnorm(est.r[i], tau.r)
est.r[i] <-bTmax[group[i] ] /estTmax[i]
predicted[i] <-est.r[i]
residual[i] <-r[i] -est.r[i]
sq[i] <-pow(residual[i], 2) # Squared residuals for observed data

# Generate replicate data and compute fit stats for them
r.new[i] ~ dnorm(est.r[i], tau.r) # one new squared residuals for actual data set
sq.new[i] <-pow(r.new[i] -predicted[i], 2) # Squared residuals for new data
}
fit <-sum(sq[ ]) # Sum of squared residuals for actual data
fit.new <-sum(sq.new[ ]) # Sum of squared residuals for new data set
test <-step(fit.new-fit) # Test whether new data set more exteme
bpvalue <-mean(test) # Bayesian p-value
# predicted new data
for(j in 1:m){
```

```
LgTmax.test[j] <-log(Tmax.test[j])
estTmax.test[j] ~ dlnorm(LgTmax.test[j], tau.Tmax)
rnew.test[j] ~ dnorm(est.rnew.test[j], tau.r)
est.rnew.test[j] <-bTmax[group.test[j] ] /estTmax.test[j]
}
}
",fill=TRUE)
sink()
# Package all the stuff to be handed over to WinBUGS
# Bundle data
win.data <-list("r","Tmax","group","n","Tmax.test","m","group.test")


# Function to generate starting values
inits <-function()
list(
mu.bTmax=1,tau.bTmax=1,
bTmax=c(1,1,1),
tau.Tmax=1,tau.r=1,
estTmax=dat $ Tmax)
# Parameters to be monitored(=to estimate)
#  params <-c ( " bTmax "," mu. bTmax "," tau. bTmax "," tau. Tmax "," tau. r ",
"bpvalue","predicted",
#               "estTmax","residual")
params <-c("bTmax","rnew.test","estTmax.test","bpvalue","mu.bTmax","tau.
bTmax","tau.Tmax","tau.r","estTmax","residual")
# MCMC settings
nc <-2# Number of chains
ni <-50000# Number of draws from posterior(for each chain)
nb <-40000# Number of draws to discard as burn-in
nt <-1# Thinning rate
```

```
# Start Gibbs sampler: Run model in WinBUGS and save results in object called out
out <-bugs(data=win.data, inits=inits, parameters.to.save=params, model.file=
"model.txt",
n.thin=nt, n.chains=nc, n.burnin=nb, n.iter=ni, debug=F, DIC=TRUE,
bugs.directory="F:\\\\winbugs143_unrestricted\\\\winbugs14_full_patched\\\\
WinBUGS14\\\\")
# results
ls()
out # Produces a summary of the object
names(out)
stat=data.frame(out $ pD,out $ DIC)
coe=out $ summary
# errors on test data
Bias=data.frame(r.test.ob-out $ mean $ rnew.test)
MAE<-mean(abs(r.test.ob-out $ mean $ rnew.test))
MSE<-mean(((r.test.ob-out $ mean $ rnew.test)^2))
RMSE<-sqrt(mean(((r.test.ob-out $ mean $ rnew.test)^2)))
RE<-data.frame((r.test.ob-out $ mean $ rnew.test)/(r.test.ob))
MARE=mean(abs(RE[,1]))
BHEIV_errors=data.frame(stat,MAE,MSE,RMSE,MARE)
bias_re=cbind(Bias,RE)
```

# 附录 3　72 个种群生物参考点的 RAM 真值

| 序号 | 种群 ID | $r$ | $K$ | $S$ | MSY |
|---|---|---|---|---|---|
| 1 | ALBANATL | 0.174 | 1 189 507 | 0.478 | 36 650 |
| 2 | ALBASATL | 0.340 | 526 021 | 0.283 | 25 148 |
| 3 | ANCHMEDGSA16 | 0.340 | 40 434 | 0.234 | 2 359 |
| 4 | ARFLOUNDGA | 0.438 | 3 216 922 | 0.643 | 254 271 |
| 5 | ARFLOUNDPCOAST | 1.400 | 127 404 | 0.621 | 5 844 |
| 6 | ARGANCHONARG | 0.380 | 3 370 285 | 0.682 | 222 163 |
| 7 | ARGANCHOSARG | 0.340 | 2 095 482 | 0.597 | 454 000 |
| 8 | ATHAL5YZ | 0.146 | 140 000 | 0.009 | 3 500 |
| 9 | ATOOTHFISHRS | 0.272 | 53 720 | 1.411 | 3 105 |
| 10 | AUSSALMONNZ | 0.640 | 80 702 | 0.280 | 3 372 |
| 11 | BGRDRNSWWA | 0.331 | 79 738 | 0.949 | 4 492 |
| 12 | BIGEYEATL | 0.325 | 1 290 080 | 0.330 | 92 000 |
| 13 | BIGEYECWPAC | 1.008 | 2 286 000 | 0.656 | 108 520 |
| 14 | BLACKOREOWECR | 0.068 | 180 235 | 0.799 | 1 947 |
| 15 | BLUEFISHATLC | 0.340 | 420 149 | 0.224 | 13 967 |
| 16 | BLUEROCKCAL | 0.081 | 13 223 | 0.412 | 275 |
| 17 | BOCACCSPCOAST | 1.000 | 44 070 | 0.377 | 1 347 |
| 18 | BSBASSMATLC | 0.880 | 36 835 | 0.345 | 3 284 |
| 19 | BSBASSSATL | 1.400 | 15 426 | 0.246 | 807 |
| 20 | CALSCORPSCAL | 1.000 | 2 007 | 0.787 | 127 |
| 21 | CHAKESA | 0.640 | 635 500 | 0.803 | 62 800 |
| 22 | CHILISPCOAST | 1.000 | 45 057 | 0.786 | 2 133 |
| 23 | CMACKPCOAST | 0.276 | 357 957 | 0.272 | 23 048 |
| 24 | CROCKPCOAST | 1.000 | 70 664 | 0.492 | 1 226 |
| 25 | CTRACSA | 0.380 | 1 052 609 | 0.681 | 72 924 |

（续表）

| 序号 | 种群 ID | $r$ | $K$ | $S$ | MSY |
|---|---|---|---|---|---|
| 26 | DKROCKPCOAST | 1.000 | 32 710 | 0.520 | 674 |
| 27 | ESOLEPCOAST | 1.400 | 44 995 | 1.596 | 3 875 |
| 28 | GAGSATLC | 0.590 | 18 501 | 0.142 | 426 |
| 29 | GEMFISHNZ | 0.579 | 13 042 | 0.615 | 1 432 |
| 30 | MONKGOMNGB | 0.880 | 131 640 | 0.460 | 9 383 |
| 31 | MONKSGBMATL | 0.740 | 204 763 | 0.542 | 14 328 |
| 32 | MORWONGESE | 0.264 | 9 704 | 0.405 | 468 |
| 33 | MORWONGWSE | 0.315 | 3 284 | 0.685 | 185 |
| 34 | MUTSNAPSATLCGM | 0.680 | 6 570 | 0.793 | 414 |
| 35 | NROCKGA | 0.142 | 183 629 | 0.473 | 6 070 |
| 36 | NZLINGLIN6b | 0.616 | 13 499 | 0.705 | 894 |
| 37 | NZLINGLIN72 | 0.492 | 5 362 | 1.043 | 544 |
| 38 | NZLINGLIN7WC | 0.404 | 125 535 | 0.768 | 5 150 |
| 39 | OROUGHYSE | 0.059 | 169 697 | 0.474 | 2 192 |
| 40 | PATGRENADIERSARG | 0.528 | 1 834 374 | 0.218 | 132 131 |
| 41 | PCODHS | 0.708 | 41 949 | 0.303 | 3 313 |
| 42 | POPERCHGA | 0.284 | 681 033 | 0.681 | 20 243 |
| 43 | PSOLEPCOAST | 1.400 | 41 352 | 0.450 | 2 588 |
| 44 | PTOOTHFISHMI | 0.116 | 4 320 | 1.412 | 184 |
| 45 | PTOOTHFISHPEI | 0.240 | 59 165 | 0.576 | 1 514 |
| 46 | REDFEAUS | 0.204 | 26 740 | 0.084 | 913 |
| 47 | RGROUPGM | 0.440 | 87 994 | 0.528 | 6 529 |
| 48 | RGROUPSATL | 0.440 | 10 514 | 0.285 | 503 |
| 49 | RPORGYSATLC | 0.340 | 12 154 | 0.166 | 378 |
| 50 | RSNAPGM | 0.160 | 341 451 | 0.188 | 5 856 |
| 51 | RSNAPSATLC | 0.292 | 38 949 | 0.037 | 195 |
| 52 | SABLEFEBSAIGA | 0.212 | 275 271 | 0.756 | 18 950 |
| 53 | SABLEFPCOAST | 1.100 | 537 893 | 0.322 | 7 476 |

（续表）

| 序号 | 种群 ID | $r$ | $K$ | $S$ | MSY |
|---|---|---|---|---|---|
| 54 | SARDMEDGSA16 | 0.320 | 92 934 | 0.165 | 5 307 |
| 55 | SILVERFISHSE | 0.444 | 31 667 | 0.401 | 2 686 |
| 56 | SKJEATL | 1.274 | 1 097 471 | 0.598 | 156 500 |
| 57 | SKJWATL | 2.160 | 83 314 | 0.421 | 31 620 |
| 58 | SSTHORNHPCOAST | 1.000 | 230 500 | 1.059 | 2 034 |
| 59 | SWHITSE | 0.679 | 13 702 | 0.628 | 2 070 |
| 60 | SWORDMED | 0.520 | 210 651 | 0.307 | 14 600 |
| 61 | SWORDNATL | 0.420 | 185 886 | 0.398 | 13 700 |
| 62 | SWORDSATL | 0.480 | 166 743 | 0.342 | 14 210 |
| 63 | TILESATLC | 0.472 | 8 337 | 0.629 | 254 |
| 64 | TREVALLYTRE7 | 0.226 | 77 113 | 0.366 | 1 818 |
| 65 | VSNAPSATLC | 1.500 | 6 434 | 0.340 | 697 |
| 66 | WAREHOUESE | 1.005 | 6 058 | 0.277 | 967 |
| 67 | WAREHOUWSE | 1.284 | 4 423 | 0.323 | 867 |
| 68 | YELL3LNO | 0.520 | 210 229 | 0.571 | 18 730 |
| 69 | YEYEROCKPCOAST | 1.000 | 8 882 | 0.260 | 63 |
| 70 | YFINATL | 0.341 | 2 113 753 | 0.343 | 144 600 |
| 71 | YFINCWPAC | 1.700 | 4 319 000 | 0.597 | 586 400 |
| 72 | YTROCKNPCOAST | 1.000 | 120 024 | 1.208 | 4 805 |

## 附录 4　80 个种群生物参考点的 BDM 真值

| 序号 | 种群 ID | $r$ | $K$ | $S$ | MSY |
|---|---|---|---|---|---|
| 1 | AFLONCH | 0.626 | 38 834 | 0.284 | 1 277 |
| 2 | ALBAMED | 0.370 | 330 845 | 0.964 | 25 068 |
| 3 | ALBANATL | 0.370 | 1 011 623 | 0.554 | 37 454 |
| 4 | ALBASATL | 0.370 | 410 425 | 0.356 | 24 790 |
| 5 | ANCHMEDGSA16 | 1.875 | 14 433 | 0.663 | 4 541 |
| 6 | ANCHMEDGSA9 | 1.875 | 27 659 | 0.643 | 4 133 |
| 7 | ATHAL3NOPs4VWX5Zc | 0.348 | 82 445 | 0.386 | 7 858 |
| 8 | ATHAL5YZ | 0.305 | 108 671 | 0.012 | 3 953 |
| 9 | AUSSALMONNZ | 1.392 | 43 248 | 0.509 | 2 073 |
| 10 | BLACKOREOWECR | 0.077 | 224 321 | 0.642 | 2 387 |
| 11 | BLUEFISHATLC | 0.609 | 253 936 | 0.361 | 17 972 |
| 12 | BLUEROCKCAL | 0.209 | 13 368 | 0.329 | 296 |
| 13 | BMARLINIO | 0.278 | 196 146 | 0.511 | 7 162 |
| 14 | BOCACCBCW | 0.261 | 41 809 | 0.051 | 774 |
| 15 | BSBASSMATLC | 0.696 | 22 535 | 0.546 | 3 155 |
| 16 | BSBASSSATL | 0.661 | 17 498 | 0.214 | 927 |
| 17 | CABEZORECOAST | 0.435 | 762 | 0.634 | 37 |
| 18 | COBGM | 0.505 | 8 646 | 0.154 | 930 |
| 19 | CPRROCKPCOAST | 0.226 | 5 519 | 0.569 | 199 |
| 20 | CROCKPCOAST | 0.083 | 69 962 | 0.404 | 1 532 |
| 21 | CROCKWCVANISOGQCI | 0.061 | 28 358 | 0.216 | 843 |
| 22 | CUSKVa-XIV | 0.383 | 107 994 | 0.305 | 7 083 |
| 23 | DKROCKPCOAST | 0.122 | 37 483 | 0.414 | 587 |
| 24 | ESOLEHS | 0.400 | 5 518 | 0.702 | 913 |
| 25 | FLSOLEGA | 0.348 | 249 439 | 0.967 | 9 896 |

（续表）

| 序号 | 种群 ID | $r$ | $K$ | $S$ | MSY |
|------|---------|-----|-----|-----|-----|
| 26 | FMEG8c9a | 0.679 | 17 312 | 0.491 | 1 980 |
| 27 | GAGSATLC | 0.592 | 8 220 | 0.221 | 539 |
| 28 | LINGCODNPCOAST | 0.535 | 44 723 | 0.583 | 1 562 |
| 29 | LSTHORNHPCOAST | 0.191 | 84 192 | 0.805 | 2 548 |
| 30 | MEG8c9a | 0.348 | 10 660 | 0.224 | 806 |
| 31 | MONK2J3KLNOPs | 0.261 | 3 510 | 0.496 | 1 220 |
| 32 | MONKSGBMATL | 0.392 | 150 802 | 0.733 | 18 951 |
| 33 | MORWONGESE | 0.231 | 39 134 | 0.209 | 1 096 |
| 34 | MORWONGWSE | 0.202 | 3 479 | 0.647 | 120 |
| 35 | MUTSNAPSATLCGM | 0.539 | 8 069 | 0.646 | 505 |
| 36 | NZLINGESE | 0.357 | 14 261 | 0.321 | 561 |
| 37 | NZLINGLIN6b | 0.339 | 17 480 | 0.548 | 409 |
| 38 | NZLINGLIN72 | 0.360 | 9 400 | 0.595 | 396 |
| 39 | PCEELCSCH | 0.365 | 232 753 | 0.063 | 7 012 |
| 40 | PCODAI | 1.575 | 180 318 | 0.375 | 25 750 |
| 41 | PERCHQCI | 0.271 | 66 264 | 0.216 | 908 |
| 42 | PERCHWCVANI | 0.271 | 41 171 | 0.382 | 1 062 |
| 43 | PLAIC2123 | 0.248 | 29 529 | 0.611 | 6 379 |
| 44 | PLAIC7d | 0.248 | 8 804 | 1.050 | 7 197 |
| 45 | PLAICCELT | 0.228 | 7 863 | 0.807 | 1 200 |
| 46 | POPERCHPCOAST | 0.271 | 136 262 | 0.182 | 1 295 |
| 47 | PTOOTHFISHCH | 0.226 | 332 772 | 0.161 | 6 013 |
| 48 | PTOOTHFISHMI | 0.226 | 8 398 | 0.723 | 122 |
| 49 | RBRMSETOW | 0.418 | 25 057 | 0.343 | 2 831 |
| 50 | REYEROCKGA | 0.059 | 51 026 | 0.890 | 1 250 |
| 51 | RGROUPGM | 0.278 | 76 214 | 0.617 | 7 111 |
| 52 | RGROUPSATL | 0.278 | 5 797 | 0.508 | 514 |
| 53 | RPORGYSATLC | 0.452 | 9 525 | 0.157 | 358 |

（续表）

| 序号 | 种群 ID | $r$ | $K$ | $S$ | MSY |
|---|---|---|---|---|---|
| 54 | RSOLEHSTR | 0.394 | 9 814 | 0.495 | 1 294 |
| 55 | SABLEFPCAN | 0.104 | 112 283 | 0.223 | 2 773 |
| 56 | SARDMEDGSA16 | 0.674 | 23 559 | 0.656 | 2 258 |
| 57 | SILVERFISHSE | 0.522 | 44 568 | 0.312 | 1 404 |
| 58 | SKJEATL | 2.332 | 766 634 | 0.855 | 264 679 |
| 59 | SKJWATL | 2.332 | 58 539 | 0.608 | 31 848 |
| 60 | SMULLMEDGSA9 | 0.713 | 1 649 | 0.768 | 420 |
| 61 | SOLECS | 0.457 | 5 118 | 0.879 | 1 484 |
| 62 | SOLEIIIa-2224 | 0.457 | 10 081 | 0.335 | 892 |
| 63 | SOLEIS | 0.457 | 10 461 | 0.220 | 773 |
| 64 | SOLEVIIe | 0.740 | 14 129 | 0.380 | 1 171 |
| 65 | SOLEVIIIab | 0.740 | 49 191 | 0.323 | 5 744 |
| 66 | SPSDOGPCOAST | 0.074 | 458 424 | 0.475 | 707 |
| 67 | SSARDCH | 1.914 | 230 688 | 0.590 | 26 803 |
| 68 | SWHITSE | 1.032 | 13 743 | 0.639 | 1 662 |
| 69 | SWORDNATL | 0.348 | 130 318 | 0.569 | 13 720 |
| 70 | SWORDSATL | 0.348 | 116 823 | 0.491 | 14 315 |
| 71 | TILEGM | 0.200 | 2 777 | 0.334 | 133 |
| 72 | TILESATLC | 0.200 | 8 017 | 0.622 | 318 |
| 73 | VSNAPGM | 0.348 | 28 496 | 0.319 | 1 243 |
| 74 | VSNAPSATLC | 0.365 | 7 533 | 0.174 | 583 |
| 75 | WAREHOUESE | 0.783 | 23 048 | 0.076 | 681 |
| 76 | WHITVIIa | 0.592 | 81 207 | −0.048 | 12 106 |
| 77 | YELL3LNO | 0.261 | 146 734 | 0.811 | 18 751 |
| 78 | YEYEROCKPCOAST | 0.080 | 8 675 | 0.251 | 81 |
| 79 | YNOSESKACSCH | 0.115 | 19 508 | 0.316 | 389 |
| 80 | YTSNAPSATLCGM | 0.534 | 28 834 | 0.924 | 1 211 |

## 附录 5  使用不同内禀增长率先验的 OCOM 结果与 RAM 真值的比较

| 种群 ID | 绝对相对误差 | | | | | | | |
|---|---|---|---|---|---|---|---|---|
| | r_o | r_n | k_o | k_n | s_o | s_n | MSY_o | MSY_n |
| ALBANATL | 1.753 | 1.307 | 0.672 | 0.619 | 0.044 | 0.315 | 0.275 | 0.240 |
| ALBASATL | 0.078 | 0.117 | 0.363 | 0.464 | 0.258 | 0.241 | 0.049 | 0.064 |
| ANCHMEDGSA16 | 2.331 | 2.398 | 0.571 | 0.589 | 1.804 | 1.779 | 1.047 | 1.018 |
| ARFLOUNDGA | 0.352 | 0.409 | 0.903 | 0.900 | 0.184 | 0.206 | 0.915 | 0.920 |
| ARFLOUNDPCOAST | 0.842 | 0.822 | 0.425 | 0.483 | 0.168 | 0.158 | 0.296 | 0.303 |
| ARGANCHONARG | 3.658 | 4.734 | 0.974 | 0.918 | 0.336 | 0.429 | 0.833 | 0.318 |
| ARGANCHOSARG | 4.022 | 5.386 | 0.995 | 0.995 | 0.492 | 0.465 | 0.990 | 0.987 |
| ATHAL5YZ | 0.323 | 0.163 | 0.891 | 0.866 | 72.014 | 53.819 | 0.789 | 0.836 |
| ATOOTHFISHRS | 0.259 | 0.414 | 0.206 | 0.179 | 0.492 | 0.498 | 0.300 | 0.421 |
| AUSSALMONNZ | 0.542 | 0.637 | 0.646 | 0.580 | 0.587 | 0.665 | 0.373 | 0.418 |
| BGRDRNSWWA | 0.423 | 0.315 | 0.110 | 0.000 | 0.511 | 0.514 | 0.011 | 0.010 |
| BIGEYEATL | 1.013 | 0.678 | 0.539 | 0.464 | 0.413 | 0.384 | 0.055 | 0.019 |
| BIGEYECWPAC | 0.361 | 0.461 | 0.550 | 0.486 | 0.120 | 0.109 | 0.435 | 0.437 |
| BLACKOREOWECR | 0.675 | 0.669 | 0.070 | 0.051 | 0.731 | 0.727 | 0.461 | 0.443 |
| BLUEFISHATLC | 0.144 | 0.772 | 0.412 | 0.612 | 0.793 | 0.821 | 0.316 | 0.759 |
| BLUEROCKCAL | 0.734 | 0.581 | 0.230 | 0.185 | 0.080 | 0.098 | 0.352 | 0.322 |
| BOCACCSPCOAST | 0.801 | 0.880 | 0.561 | 1.086 | 0.474 | 0.463 | 1.538 | 1.041 |
| BSBASSMATLC | 0.243 | 0.618 | 0.512 | 0.066 | 0.605 | 0.569 | 0.109 | 0.144 |
| BSBASSSATL | 0.545 | 0.761 | 0.614 | 0.382 | 0.875 | 0.840 | 0.173 | 0.011 |
| CALSCORPSCAL | 0.612 | 0.711 | 0.169 | 0.433 | 0.624 | 0.634 | 0.799 | 0.653 |
| CHAKESA | 0.931 | 0.464 | 0.575 | 0.108 | 0.190 | 0.739 | 0.327 | 0.039 |
| CHILISPCOAST | 0.791 | 0.832 | 0.135 | 0.005 | 0.522 | 0.529 | 0.045 | 0.099 |
| CMACKPCOAST | 2.083 | 0.406 | 0.435 | 0.011 | 2.353 | 0.966 | 0.867 | 0.493 |
| CROCKPCOAST | 0.960 | 0.946 | 0.479 | 0.298 | 0.523 | 0.529 | 0.131 | 0.054 |

（续表）

| 种群 ID | 绝对相对误差 | | | | | | | |
|---|---|---|---|---|---|---|---|---|
| | r_o | r_n | k_o | k_n | s_o | s_n | MSY_o | MSY_n |
| CTRACSA | 0.285 | 0.240 | 0.551 | 0.543 | 0.046 | 0.151 | 0.214 | 0.225 |
| DKROCKPCOAST | 0.947 | 0.956 | 0.086 | 0.197 | 0.675 | 0.676 | 0.256 | 0.336 |
| ESOLEPCOAST | 0.712 | 0.800 | 0.115 | 0.212 | 0.851 | 0.865 | 0.035 | 0.015 |
| GAGSATLC | 0.700 | 0.572 | 0.404 | 0.531 | 0.212 | 0.316 | 0.178 | 0.295 |
| GEMFISHNZ | 0.369 | 0.368 | 0.193 | 0.197 | 0.128 | 0.148 | 0.019 | 0.001 |
| MONKGOMNGB | 0.449 | 0.742 | 0.389 | 0.054 | 0.348 | 0.354 | 0.049 | 0.156 |
| MONKSGBMATL | 0.348 | 0.694 | 0.420 | 0.092 | 0.149 | 0.152 | 0.012 | 0.104 |
| MORWONGESE | 0.268 | 0.538 | 23.227 | 23.208 | 1.445 | 1.418 | 23.279 | 14.317 |
| MORWONGWSE | 0.378 | 0.621 | 0.345 | 0.108 | 0.422 | 0.417 | 0.402 | 0.509 |
| MUTSNAPSATLCGM | 0.812 | 0.724 | 1.054 | 0.433 | 0.285 | 0.281 | 0.036 | 0.069 |
| NROCKGA | 0.703 | 0.373 | 0.555 | 0.031 | 0.366 | 0.358 | 0.490 | 0.357 |
| NZLINGLIN6b | 0.589 | 0.678 | 0.038 | 0.120 | 0.018 | 0.021 | 0.112 | 0.158 |
| NZLINGLIN72 | 0.397 | 0.580 | 0.002 | 0.317 | 0.538 | 0.527 | 0.276 | 0.329 |
| NZLINGLIN7WC | 0.190 | 0.479 | 0.695 | 0.546 | 0.136 | 0.131 | 0.434 | 0.448 |
| OROUGHYSE | 0.696 | 0.621 | 0.040 | 0.025 | 0.741 | 0.781 | 0.578 | 0.480 |
| PATGRENADIERSARG | 0.097 | 0.177 | 0.541 | 0.419 | 1.129 | 1.105 | 0.066 | 0.126 |
| PCODHS | 0.080 | 0.600 | 0.354 | 0.187 | 0.497 | 0.095 | 0.333 | 0.063 |
| POPERCHGA | 0.861 | 0.849 | 2.259 | 2.166 | 0.241 | 0.239 | 0.204 | 0.270 |
| PSOLEPCOAST | 0.758 | 0.869 | 0.190 | 0.369 | 0.212 | 0.082 | 0.101 | 0.013 |
| PTOOTHFISHMI | 0.419 | 0.580 | 0.414 | 0.393 | 0.463 | 0.449 | 0.404 | 0.498 |
| PTOOTHFISHPEI | 0.349 | 0.247 | 0.192 | 0.222 | 0.205 | 0.201 | 0.367 | 0.429 |
| REDFEAUS | 0.490 | 0.315 | 0.189 | 0.029 | 0.860 | 0.919 | 0.078 | 0.053 |
| RGROUPGM | 0.576 | 0.491 | 0.333 | 0.118 | 0.116 | 0.106 | 0.148 | 0.155 |
| RGROUPSATL | 0.553 | 0.478 | 0.254 | 0.031 | 1.634 | 1.662 | 0.086 | 0.094 |
| RPORGYSATLC | 0.031 | 0.043 | 0.521 | 0.498 | 1.220 | 1.161 | 0.350 | 0.314 |
| RSNAPGM | 0.462 | 0.419 | 0.453 | 0.464 | 1.317 | 1.305 | 0.290 | 0.287 |
| RSNAPSATLC | 0.773 | 0.688 | 0.602 | 0.666 | 6.918 | 6.740 | 0.366 | 0.555 |
| SABLEFEBSAIGA | 0.499 | 0.723 | 1.191 | 2.059 | 0.725 | 0.719 | 0.124 | 0.327 |

| 种群 ID | 绝对相对误差 | | | | | | | |
|---|---|---|---|---|---|---|---|---|
| | r_o | r_n | k_o | k_n | s_o | s_n | MSY_o | MSY_n |
| SABLEFPCOAST | 0.939 | 0.953 | 0.343 | 0.279 | 0.304 | 0.331 | 0.179 | 0.295 |
| SARDMEDGSA16 | 0.979 | 0.309 | 0.866 | 0.810 | 2.012 | 1.973 | 0.626 | 0.653 |
| SILVERFISHSE | 0.086 | 0.102 | 0.361 | 0.264 | 0.187 | 0.145 | 0.076 | 0.129 |
| SKJEATL | 0.707 | 0.431 | 0.717 | 0.252 | 0.128 | 0.034 | 0.061 | 0.076 |
| SKJWATL | 0.093 | 0.664 | 1.287 | 0.895 | 1.085 | 0.100 | 2.669 | 0.116 |
| SSTHORNHPCOAST | 0.971 | 0.959 | 0.546 | 0.589 | 0.661 | 0.671 | 0.594 | 0.479 |
| SWHITSE | 0.516 | 0.258 | 0.470 | 0.396 | 0.098 | 0.034 | 0.149 | 0.171 |
| SWORDMED | 0.436 | 0.416 | 0.193 | 0.202 | 0.035 | 0.045 | 0.118 | 0.126 |
| SWORDNATL | 0.308 | 0.266 | 0.096 | 0.013 | 0.525 | 0.533 | 0.026 | 0.004 |
| SWORDSATL | 0.398 | 0.362 | 0.172 | 0.095 | 0.547 | 0.532 | 0.003 | 0.023 |
| TILESATLC | 0.779 | 0.706 | 0.091 | 0.183 | 0.909 | 0.911 | 0.190 | 0.072 |
| TREVALLYTRE7 | 0.504 | 0.502 | 0.393 | 0.402 | 0.631 | 0.649 | 0.298 | 0.306 |
| VSNAPSATLC | 0.781 | 0.631 | 0.204 | 0.239 | 0.049 | 0.061 | 0.083 | 0.039 |
| WAREHOUESE | 0.244 | 0.568 | 0.206 | 0.726 | 0.355 | 0.498 | 0.434 | 0.174 |
| WAREHOUWSE | 0.411 | 0.662 | 0.507 | 0.249 | 0.411 | 0.058 | 0.523 | 0.582 |
| YELL3LNO | 0.624 | 0.137 | 0.318 | 0.227 | 0.805 | 0.818 | 0.272 | 0.026 |
| YEYEROCKPCOAST | 0.977 | 0.967 | 0.062 | 0.015 | 0.307 | 0.289 | 0.063 | 0.246 |
| YFINATL | 1.615 | 0.992 | 0.683 | 0.595 | 0.107 | 0.044 | 0.031 | 0.004 |
| YFINCWPAC | 0.470 | 0.602 | 0.444 | 0.290 | 0.302 | 0.329 | 0.101 | 0.129 |
| YTROCKNPCOAST | 0.878 | 0.914 | 0.083 | 0.313 | 0.771 | 0.774 | 0.132 | 0.258 |

## 附录 6　使用不同内禀增长率先验的 OCOM 结果与 BDM 真值的比较

| 种群 ID | 绝对相对误差 | | | | | | | |
|---|---|---|---|---|---|---|---|---|
| | r_o | r_n | k_o | k_n | s_o | s_n | MSY_o | MSY_n |
| AFLONCH | 3.495 | 0.847 | 0.366 | 0.001 | 0.440 | 0.561 | 1.870 | 0.873 |
| ALBAMED | 0.034 | 0.265 | 0.860 | 0.880 | 0.685 | 0.701 | 0.853 | 0.848 |
| ALBANATL | 1.123 | 1.589 | 0.453 | 0.534 | 0.365 | 0.416 | 0.162 | 0.204 |
| ALBASATL | 0.298 | 0.581 | 0.184 | 0.317 | 0.019 | 0.031 | 0.064 | 0.080 |
| ANCHMEDGSA16 | 0.475 | 0.081 | 0.144 | 0.150 | 0.010 | 0.008 | 0.268 | 0.049 |
| ANCHMEDGSA9 | 1.892 | 0.938 | 0.602 | 0.429 | 0.050 | 0.011 | 0.111 | 0.110 |
| ATHAL5YZ | 0.652 | 0.302 | 0.867 | 0.811 | 78.132 | 40.630 | 0.781 | 0.867 |
| AUSSALMONNZ | 6.236 | 0.123 | 0.804 | 0.177 | 0.568 | 0.826 | 0.419 | 0.076 |
| BLACKOREOWECR | 0.478 | 0.574 | 0.253 | 0.220 | 0.665 | 0.662 | 0.560 | 0.596 |
| BLUEFISHATLC | 1.037 | 1.264 | 0.341 | 0.381 | 0.172 | 0.102 | 0.345 | 0.402 |
| BLUEROCKCAL | 0.580 | 0.318 | 0.238 | 0.145 | 0.092 | 0.110 | 0.258 | 0.200 |
| BMARLINIO | 0.463 | 0.343 | 0.318 | 0.276 | 0.290 | 0.292 | 0.027 | 0.022 |
| BOCACCBCW | 1.638 | 0.353 | 0.453 | 0.106 | 9.747 | 9.299 | 0.443 | 0.243 |
| BSBASSMATLC | 0.189 | 0.497 | 0.202 | 0.807 | 0.018 | 0.040 | 0.073 | 0.116 |
| BSBASSSATL | 2.006 | 0.343 | 0.660 | 0.389 | 1.127 | 1.088 | 0.021 | 0.174 |
| CABEZORECOAST | 0.986 | 1.282 | 0.395 | 0.471 | 0.153 | 0.150 | 0.177 | 0.196 |
| COBGM | 0.074 | 0.110 | 0.048 | 0.252 | 0.660 | 0.634 | 0.124 | 0.092 |
| CPRROCKPCOAST | 0.096 | 0.410 | 0.012 | 0.393 | 0.275 | 0.277 | 0.104 | 0.143 |
| CROCKPCOAST | 0.704 | 0.445 | 0.693 | 0.356 | 0.558 | 0.547 | 0.473 | 0.204 |
| CUSKVa-XIV | 0.245 | 0.081 | 0.317 | 0.240 | 0.133 | 0.095 | 0.155 | 0.184 |
| DKROCKPCOAST | 0.146 | 0.447 | 0.052 | 0.116 | 0.628 | 0.628 | 0.145 | 0.345 |
| ESOLEHS | 0.475 | 0.615 | 0.545 | 0.991 | 0.700 | 0.749 | 0.177 | 0.229 |
| FLSOLEGA | 0.827 | 0.293 | 0.872 | 0.841 | 0.585 | 0.573 | 0.768 | 0.792 |
| FMEG8c9a | 0.433 | 0.037 | 0.352 | 0.126 | 0.039 | 0.015 | 0.076 | 0.168 |

| 种群 ID | 绝对相对误差 | | | | | | | |
|---|---|---|---|---|---|---|---|---|
| | r_o | r_n | k_o | k_n | s_o | s_n | MSY_o | MSY_n |
| GAGSATLC | 1.112 | 0.029 | 0.418 | 0.048 | 0.596 | 0.696 | 0.230 | 0.025 |
| LINGCODNPCOAST | 2.534 | 0.591 | 0.634 | 0.372 | 0.619 | 0.628 | 0.295 | 0.005 |
| LSTHORNHPCOAST | 0.036 | 0.058 | 0.316 | 0.275 | 0.384 | 0.381 | 0.234 | 0.271 |
| MEG8c9a | 0.038 | 0.178 | 0.473 | 0.540 | 1.796 | 1.735 | 0.479 | 0.460 |
| MONK2J3KLNOPs | 0.860 | 0.868 | 1.047 | 1.086 | 0.755 | 0.749 | 0.704 | 0.716 |
| MONKSGBMATL | 0.328 | 0.635 | 0.082 | 0.788 | 0.150 | 0.157 | 0.276 | 0.341 |
| MORWONGESE | 0.444 | 0.119 | 5.008 | 5.004 | 8.828 | 8.663 | 7.666 | 4.288 |
| MORWONGWSE | 0.021 | 0.282 | 0.231 | 0.069 | 0.384 | 0.385 | 0.175 | 0.305 |
| MUTSNAPSATLCGM | 0.991 | 0.246 | 0.485 | 0.161 | 0.094 | 0.116 | 0.042 | 0.123 |
| NZLINGESE | 0.934 | 0.155 | 0.282 | 0.008 | 0.265 | 0.293 | 0.408 | 0.182 |
| NZLINGLIN6b | 2.041 | 0.975 | 0.357 | 0.058 | 0.270 | 0.279 | 0.942 | 0.850 |
| NZLINGLIN72 | 0.796 | 0.100 | 0.438 | 0.194 | 0.191 | 0.183 | 0.002 | 0.112 |
| PCEELCSCH | 1.559 | 0.524 | 0.784 | 0.699 | 4.763 | 4.761 | 0.447 | 0.535 |
| PCODAI | 1.640 | 0.611 | 0.552 | 1.070 | 1.278 | 0.813 | 0.181 | 0.190 |
| PERCHQCI | 2.762 | 0.354 | 0.500 | 0.024 | 0.872 | 0.935 | 0.888 | 0.301 |
| PERCHWCVANI | 1.026 | 0.631 | 0.208 | 0.408 | 0.939 | 0.965 | 0.631 | 0.474 |
| PLAIC2123 | 0.762 | 0.873 | 2.231 | 4.121 | 0.091 | 0.081 | 0.284 | 0.338 |
| PLAICCELT | 0.736 | 0.836 | 1.037 | 1.706 | 0.540 | 0.544 | 0.435 | 0.529 |
| POPERCHPCOAST | 4.565 | 0.070 | 0.447 | 0.068 | 0.976 | 0.986 | 2.089 | 0.089 |
| PTOOTHFISHCH | 1.255 | 1.441 | 0.287 | 0.314 | 0.091 | 0.083 | 0.667 | 0.705 |
| PTOOTHFISHMI | 1.844 | 2.071 | 0.272 | 0.270 | 0.044 | 0.071 | 1.127 | 1.241 |
| RBRMSETOW | 0.184 | 0.525 | 0.112 | 0.720 | 0.306 | 0.330 | 0.084 | 0.173 |
| RGROUPGM | 0.423 | 0.405 | 0.329 | 0.299 | 0.032 | 0.042 | 0.194 | 0.225 |
| RGROUPSATL | 0.347 | 0.366 | 0.917 | 0.840 | 0.463 | 0.493 | 0.120 | 0.107 |
| RPORGYSATLC | 1.687 | 1.094 | 0.443 | 0.346 | 0.769 | 0.715 | 0.497 | 0.371 |
| RSOLEHSTR | 0.330 | 0.596 | 0.339 | 0.948 | 0.768 | 0.833 | 0.102 | 0.208 |
| SABLEFPCAN | 0.595 | 0.567 | 0.511 | 0.502 | 0.457 | 0.440 | 0.348 | 0.306 |
| SARDMEDGSA16 | 0.652 | 0.008 | 0.470 | 0.189 | 0.236 | 0.246 | 0.120 | 0.197 |

（续表）

| 种群 ID | 绝对相对误差 | | | | | | | |
|---|---|---|---|---|---|---|---|---|
| | r_o | r_n | k_o | k_n | s_o | s_n | MSY_o | MSY_n |
| SILVERFISHSE | 2.828 | 2.021 | 0.546 | 0.458 | 0.671 | 0.612 | 0.766 | 0.646 |
| SKJEATL | 0.574 | 0.652 | 0.595 | 0.592 | 0.212 | 0.278 | 0.373 | 0.461 |
| SKJWATL | 0.085 | 0.779 | 2.254 | 2.949 | 0.465 | 0.227 | 2.642 | 0.149 |
| SMULLMEDGSA9 | 0.328 | 0.487 | 0.051 | 0.186 | 0.310 | 0.303 | 0.386 | 0.399 |
| SOLEVIIe | 1.143 | 0.366 | 0.532 | 0.314 | 0.448 | 0.363 | 0.002 | 0.179 |
| SOLEVIIIab | 0.517 | 0.553 | 0.374 | 0.600 | 0.509 | 0.747 | 0.058 | 0.286 |
| SSARDCH | 7.898 | 1.084 | 135.117 | 0.859 | 0.648 | 0.577 | 1210.151 | 0.707 |
| SWHITSE | 1.095 | 0.707 | 8.602 | 10.021 | 0.073 | 0.372 | 19.239 | 17.833 |
| SWORDNATL | 0.310 | 0.287 | 0.819 | 0.827 | 0.125 | 0.135 | 0.881 | 0.883 |
| SWORDSATL | 0.407 | 0.383 | 0.744 | 0.644 | 0.243 | 0.249 | 0.018 | 0.040 |
| TILEGM | 0.270 | 0.320 | 124.138 | 128.191 | 0.472 | 0.443 | 92.823 | 88.303 |
| TILESATLC | 0.196 | 0.169 | 0.482 | 0.497 | 0.279 | 0.281 | 0.568 | 0.576 |
| VSNAPGM | 0.697 | 2.303 | 0.834 | 0.881 | 0.807 | 0.771 | 0.716 | 0.608 |
| VSNAPSATLC | 0.000 | 0.866 | 1.514 | 0.487 | 0.175 | 0.149 | 1.549 | 1.770 |
| WAREHOUESE | 5.385 | 2.243 | 0.840 | 0.706 | 3.551 | 3.385 | 0.022 | 0.057 |
| WHITVIIa | 0.075 | 0.527 | 0.889 | 0.836 | 4.556 | 3.769 | 0.897 | 0.922 |
| YELL3LNO | 0.618 | 0.064 | 0.107 | 0.357 | 0.199 | 0.212 | 0.550 | 0.398 |
| YEYEROCKPCOAST | 0.345 | 0.243 | 71.274 | 70.188 | 0.593 | 0.612 | 50.892 | 58.435 |
| YTSNAPSATLCGM | 1.932 | 0.771 | 0.925 | 0.892 | 0.787 | 0.799 | 0.781 | 0.808 |
| SPSDOGPCOAST | 2.332 | 2.593 | 0.942 | 0.941 | 0.309 | 0.317 | 0.776 | 0.758 |
| YNOSESKACSCH | 0.398 | 0.435 | 0.183 | 0.200 | 0.154 | 0.135 | 0.236 | 0.247 |

## 附录 7    28 个国家的渔业管理指数

| 国家 | FMI | R | M | E | S | B |
|------|-----|---|---|---|---|---|
| 阿根廷（Argentina） | 0.7 | 0.82 | 0.65 | 0.63 | 0.71 | 0.64 |
| 孟加拉国（Bangladesh） | 0.39 | 0.35 | 0.3 | 0.38 | 0.51 | 0.2 |
| 巴西（Brazil） | 0.33 | 0.41 | 0.26 | 0.29 | 0.37 | 0.2 |
| 加拿大（Canada） | 0.81 | 0.86 | 0.74 | 0.78 | 0.86 | 0.61 |
| 智利（Chile） | 0.66 | 0.76 | 0.54 | 0.54 | 0.81 | 0.57 |
| 中国（China） | 0.37 | 0.48 | 0.33 | 0.34 | 0.32 | 0.17 |
| 法国（France） | 0.71 | 0.85 | 0.71 | 0.69 | 0.62 | 0.64 |
| 冰岛（Iceland） | 0.9 | 0.94 | 0.88 | 0.91 | 0.88 | 0.81 |
| 印度（India） | 0.46 | 0.83 | 0.24 | 0.37 | 0.41 | 0.64 |
| 印度尼西亚（Indonesia） | 0.43 | 0.56 | 0.45 | 0.34 | 0.36 | 0.28 |
| 日本（Japan） | 0.61 | 0.83 | 0.55 | 0.43 | 0.64 | 0.74 |
| 马来西亚（Malaysia） | 0.48 | 0.6 | 0.42 | 0.52 | 0.41 | 0.42 |
| 墨西哥（Mexico） | 0.58 | 0.76 | 0.58 | 0.42 | 0.56 | 0.43 |
| 摩洛哥（Morocco） | 0.55 | 0.74 | 0.45 | 0.43 | 0.59 | 0.34 |
| 缅甸（Myanmar） | 0.21 | 0.22 | 0.12 | 0.11 | 0.39 | 0.09 |
| 新西兰（New Zealand） | 0.83 | 0.84 | 0.75 | 0.74 | 0.99 | 0.75 |
| 尼日利亚（Nigeria） | 0.47 | 0.54 | 0.37 | 0.43 | 0.65 | 0.19 |
| 挪威（Norway） | 0.88 | 0.93 | 0.84 | 0.85 | 0.9 | 0.84 |
| 秘鲁（Peru） | 0.63 | 0.75 | 0.66 | 0.57 | 0.53 | 0.6 |
| 菲律宾（Philippines） | 0.42 | 0.53 | 0.26 | 0.4 | 0.47 | 0.14 |
| 俄罗斯（Russia） | 0.83 | 0.92 | 0.82 | 0.81 | 0.79 | 0.83 |
| 南非（South Africa） | 0.81 | 0.85 | 0.78 | 0.69 | 0.93 | 0.67 |
| 韩国（South Korea） | 0.67 | 0.83 | 0.64 | 0.55 | 0.66 | 0.52 |
| 西班牙（Spain） | 0.68 | 0.85 | 0.63 | 0.53 | 0.72 | 0.65 |
| 泰国（Thailand） | 0.26 | 0.45 | 0.07 | 0.15 | 0.33 | 0.04 |

（续表）

| 国家 | FMI | R | M | E | S | B |
|---|---|---|---|---|---|---|
| 英国(U.K.) | 0.75 | 0.86 | 0.68 | 0.65 | 0.8 | 0.65 |
| 美国(United States) | 0.92 | 0.95 | 0.95 | 0.87 | 0.9 | 0.88 |
| 越南(Vietnam) | 0.5 | 0.57 | 0.49 | 0.48 | 0.46 | 0.39 |

注:FMI＝渔业管理指数(Fishery Management Index);R＝研究(research);M＝管理(management);E＝执行(enforcement);S＝社会经济(socioeconomics);B＝种群状态(stock status)。

## 附录 8　33 个国家和地区的扫海面积比

| 序号 | 国家/地区 | SAR | 序号 | 国家/地区 | SAR |
|---|---|---|---|---|---|
| 1 | 亚得里亚海（GFCM 2.1）Adriatic Sea（GFCM 2.1） | 7.926 | 18 | 南智利 South Chile | 0.004 |
| 2 | 爱琴海（GFCM 3.1）Aegean Sea（GFCM 3.1） | 0.798 | 19 | 东南澳大利亚大陆架 Southeast Australian Shelf | 0.134 |
| 3 | 阿留申群岛 Aleutian Islands | 0.033 | 20 | 西南澳大利亚大陆架 Southwest Australian Shelf | 0.034 |
| 4 | 阿根廷 Argentina | 0.276 | 21 | 特伦廷海（GFCM 1.3）Tyrrhenian Sea（GFCM 1.3） | 2.286 |
| 5 | 东阿古拉斯流 East Agulhas Current | 0.247 | 22 | 伊比利亚西部（ICES 9a）West of Iberia（ICES 9a） | 4.321 |
| 6 | 东伯灵海 East Bering Sea | 0.089 | 23 | 苏格兰西部（ICES 6a）West of Scotland（ICES 6a） | 0.453 |
| 7 | 阿拉斯加湾 Gulf of Alaska | 0.024 | 24 | 西波罗的海（ICES 23-25）Western Baltic Sea（ICES 23-25） | 0.960 |
| 8 | 爱尔兰海（ICES 7a）Irish Sea（ICES 7a） | 1.459 | 25 | 泰国 Thailand | 5.900 |
| 9 | 新西兰 New Zealand | 0.106 | 26 | 印度尼西亚 Indonesia | 0.800 |
| 10 | 北澳大利亚大陆架 North Australian Shelf | 0.026 | 27 | 越南 Vietnam | 6.700 |
| 11 | 北本古埃拉流 North Benguela Current | 0.967 | 28 | 马来西亚 Malaysia | 3.900 |
| 12 | 北加利福尼亚流 North California Current | 0.077 | 29 | 缅甸 Myanmar | 0.700 |

（续表）

| 序号 | 国家/地区 | SAR | 序号 | 国家/地区 | SAR |
|---|---|---|---|---|---|
| 13 | 北海（ICES 6a，b，c）<br>North Sea（ICES 6a，b，c） | 1.191 | 30 | 孟加拉国 Bangladesh | 0.100 |
| 14 | 东北澳大利亚大陆架<br>Northeast Australian Shelf | 0.112 | 31 | 中国 China | 18.800 |
| 15 | 西北澳大利亚大陆架<br>Northwest Australian Shelf | 0.023 | 32 | 印度 India | 18.700 |
| 16 | 斯卡格拉克海峡和喀尔特海（ICES 3a）Skagerrak and Kattegat（ICES 3a） | 3.328 | 33 | 亚洲 Asia | 6.950 |
| 17 | 南本古埃拉流<br>South Benguela Current | 0.440 | | | |

注：SAR＝扫海面积比（swept-area ratio）。

# 参考文献

[1] 陈作志，袁蔚文，张俊，等.基于分期的实际种群分析法研究[J].中国水产科学，2014，21(05)：980-987.

[2] 耿平，张魁，徐姗楠，等.鱼类自然死亡系数评估研究进展[J].中国水产科学，2018，25(03)：694-704.

[3] 官文江，高峰，雷林，等.渔业资源评估中的回顾性问题[J].上海海洋大学学报，2012，21(05)：841-847.

[4] 官文江，田思泉，朱江峰，等.渔业资源评估模型的研究现状与展望[J].中国水产科学，2013，20(05)：1112-1120.

[5] 刘光阳，邓大松，梁小江.国内"一带一路"研究综述——基于定量和图谱分析[J].云南社会科学，2017，01：11-18.

[6] 刘群，任一平，沈海学，等.渔业资源评估在渔业管理中的作用[J].海洋湖沼通报，2003，01：72-76.

[7] 刘尊雷，金艳，杨林林，等.基于有限数据的东海区小黄鱼资源评估及管理[C].2016年中国水产学会学术年会.中国四川成都，2016.

[8] 刘尊雷，袁兴伟，杨林林，等.有限数据渔业种群资源评估与管理——以小黄鱼为例[J].中国水产科学，2019，26(04)：621-635.

[9] 祁静.迁移流动与健康的研究进展及热点分析——基于Web of Science文献的知识图谱分析[J].兰州学刊，2020，08：160-174.

[10] 史登福，张魁，陈作志.基于生活史特征的数据有限条件下渔业资源评估方法比较[J].中国水产科学，2020，27(01)：12-24.

［11］孙铭，张崇良，李韵洲，等. 以有限数据评估方法为基础的海州湾渔业管理策略评估［J］. 水产学报，2018，42(10)：1661-1669.

［12］徐海龙，韩颖，谷德贤，等. 渔业资源自然死亡估算方法研究进展［J］. 水产科技情报，2019，46(03)：160-171.

［13］张月霞，苗振清. 渔业资源的评估方法和模型研究进展［J］. 浙江海洋学院学报(自然科学版)，2006，03：305-311.

［14］Alverson D L，Carney M J. A graphic review of the growth and decay of population cohorts［J］. ICES Journal of Marine Science，1975，36(2)：133-143.

［15］Amoroso R O，Pitcher C R，Rijnsdorp A D，et al. Bottom trawl fishing footprints on the world's continental shelves［J］. Proceedings of the National Academy of Sciences，2018，115(43)：E10275-E10282.

［16］Anderson S C，Cooper A B，Jensen O P，et al. Improving estimates of population status and trend with superensemble models［J］. Fish and Fisheries，2017，18(4)：732-741.

［17］Bayliff W H. Growth，mortality，and exploitation of the Engraulidae，with special reference to the anchoveta，Cetengraulis mysticetus，and the colorado，Anchoa naso，in the Eastern Pacific Ocean［J］. Inter-American Tropical Tuna Commission Bulletin，1967，12(5)：365-432.

［18］Bentley N，Langley A. Feasible stock trajectories：A flexible and efficient sequential estimator for use in fisheries management procedures［J］. Canadian Journal of Fisheries and Aquatic Sciences，2012，69：161-177.

［19］Beverton R J H. Maturation，growth and mortality of clupeid and engraulid stocks in relation to fishing［J］. Rapp P-V Reun Cons

Int Explor Mer，1963，154：44-67.

[20] Beverton R J H. Patterns of reproductive strategy parameters in some marine teleost fishes[J]. Journal of Fish Biology，1992，41：137-160.

[21] Birch L C. The intrinsic rate of natural increase of an insect population[J]. Journal of Animal Ecology，1948，17：15-26.

[22] Braccini M，Taylor S，Bruce B，et al. Modelling the population trajectory of West Australian white sharks［J］. Ecological Modelling，2017，360：363-377.

[23] Breiman L. Bagging Predictors[J]. Machine Learning，1996，24 (2)：123-140.

[24] Breiman L，Friedman J H，Olshen R A，et al. Classification and Regression Trees[M]. Belmont：Wadsworth International Group，1984.

[25] Brooks E N，Pollock K H，Hoenig J M，et al. Estimation of fishing and natural mortality from tagging studies on fisheries with two user groups［J］. Canadian Journal of Fisheries and Aquatic Sciences，1998，55(9)：2001-2010.

[26] Browne M W. Cross-Validation Methods［J］. Journal of Mathematical Psychology，2000，44(1)：108-132.

[27] Cadrin S X，Dickey-Collas M. Stock assessment methods for sustainable fisheries[J]. ICES Journal of Marine Science，2015，72(1)：1-6.

[28] Cailliet G. Demography of the central california population of the Leopard Shark［J］. Marine and Freshwater Research，1992，43 (1)：183-193.

[29] Campana S E. Accuracy，precision and quality control in age

determination, including a review of the use and abuse of age validation methods[J]. Journal of Fish Biology, 2001, 59(2): 197-242.

[30] Carruthers T R, Punt A E, Walters C J, et al. Evaluating methods for setting catch limits in data-limited fisheries[J]. Fisheries Research, 2014, 153: 48-68.

[31] Caswell H, Brault S, Read A J, et al. Harbor Porpoise and fisheries: an uncertainty analysis of incidental mortality[J]. Ecological Applications, 1998, 8(4): 1226-1238.

[32] Cifarelli G. Measurement error models[J]. Journal of Applied Econometrics, 1988, 3(4): 315-317.

[33] Clark W G. Effects of an erroneous natural mortality rate on a simple age-structured stock assessment[J]. Canadian Journal Of Fisheries And Aquatic Sciences, 1999, 56(10): 1721-1731.

[34] Coggins L G, Pine W E, Walters C J, et al. Age-structured mark-recapture analysis: A virtual-population-analysis-based model for analyzing age-structured capture-recapture data [J]. North American Journal of Fisheries Management, 2006, 26(1): 201-205.

[35] Cole L C. The population consequences of life history phenomena [J]. Q Rev Biol, 1954, 29(2): 103-137.

[36] Cortés E. Incorporating Uncertainty into Demographic Modeling: Application to Shark Populations and Their Conservation[J]. Conservation Biology, 2002, 16(4): 1048-1062.

[37] Cortés E, Parsons G. Comparative demography of two populations of the bonnethead shark (Sphyrna tiburo) [J]. Canadian Journal of Fisheries and Aquatic Sciences, 2011, 53:

709-718.

[38] Cortés E. Perspectives on the intrinsic rate of population growth [J]. Methods in Ecology and Evolution，2016，7(10)：1136-1145.

[39] Costello C，Ovando D，Clavelle T，et al. Global fishery prospects under contrasting management regimes[J]. Proceedings of the National Academy of Sciences，2016，113(18)：5125-5129.

[40] Denney N H，Jennings S，Reynolds J D. Life-history correlates of maximum population growth rates in marine fishes [J]. Proceedings of the Royal Society of London Series B：Biological Sciences，2002，269(1506)：2229-2237.

[41] Dick E J，Maccall A D. Depletion-Based Stock Reduction Analysis：A catch-based method for determining sustainable yields for data-poor fish stocks[J]. Fisheries Research，2011，110(2)：331-341.

[42] Dietterich T G. Ensemble Methods in Machine Learning[C]. Multiple Classifier Systems. Berlin，Heidelberg，2000.

[43] Djabali F，Mehailia A，Koudil M，et al. Empirical equations for the estimation of natural mortality in Mediterranean teleosts[J]. Naga，the ICLARM Quarterly，1993，16(1)：35-37.

[44] Elith J，Leathwick J R，Hastie T. A working guide to boosted regression trees[J]. Journal of Animal Ecology，2008，77(4)：802-813.

[45] Fao. 2019. Report of the Expert Consultation Workshop on the Development of methodologies for the global assessment of fish stock status[R]. Food and Agriculture Organization of the United Nations. Rome，Italy. Rome，Italy，4-6 February 2019.

[46] Fenchel T. Intrinsic rate of natural increase：The relationship

with body size[J]. Oecologia，1974，14(4)：317-326.

[47] Fletcher W. Application of the otolith weight-age relationship for the pilchard，Sardinops sagax neopilchardus[J]. Canadian Journal of Fisheries and Aquatic Sciences，1995，52：657-664.

[48] Fonseca-Delgado R，Gómez-Gil P. An assessment of ten-fold and Monte Carlo cross validations for time series forecasting[C]. 2013 10th International Conference on Electrical Engineering，Computing Science and Automatic Control(CCE). 30 Sept.-4 Oct. 2013，2013.

[49] Francis M P，Campana S E，Jones C M. Age under-estimation in New Zealand porbeagle sharks(Lamna nasus)：is there an upper limit to ages that can be determined from shark vertebrae? [J]. Marine and Freshwater Research，2007，58(1)：10-23.

[50] Free C M，Jensen O P，Anderson S C，et al. Blood from a stone：Performance of catch-only methods in estimating stock biomass status[J]. Fisheries Research，2020，223：

[51] Free C M，Thorson J T，Pinsky M L，et al. Impacts of historical warming on marine fisheries production[J]. Science，2019，363(6430)：979.

[52] Frisk M G，Miller T J，Fogarty M J. Estimation and analysis of biological parameters in elasmobranch fishes：a comparative life history study[J]. Canadian Journal of Fisheries and Aquatic Sciences，2001，58(5)：969-981.

[53] Froese R，Binohlan C. Empirical relationships to estimate asymptotic length，length at first maturity and length at maximum yield per recruit in fishes，with a simple method to evaluate length frequency data[J]. Journal of Fish Biology，2000，56(4)：758-773.

[54] Froese R，Demirel N，Coro G，et al. Estimating fisheries reference points from catch and resilience[J]. Fish And Fisheries，2017，18(3)：506-526.

[55] Froese R，Winker H，Coro G，et al. A new approach for estimating stock status from length frequency data[J]. ICES Journal of Marine Science，2019，76(1)：350-351.

[56] Froese R，Winker H，Coro G，et al. Status and rebuilding of European fisheries[J]. Marine Policy，2018，93：159-170.

[57] Gedamke T，Hoenig J M，Musick J A，et al. Using Demographic Models to Determine Intrinsic Rate of Increase and Sustainable Fishing for Elasmobranchs：Pitfalls，Advances，and Applications [J]. North American Journal of Fisheries Management，2007，27 (2)：605-618.

[58] Gelman A，Rubin D B. Inference from Iterative Simulation Using Multiple Sequences[J]. Statist Sci，1992，7(4)：457-472.

[59] Gislason H，Daan N，Rice J C，et al. Size，growth，temperature and the natural mortality of marine fish[J]. Fish and Fisheries，2010，11(2)：149-158.

[60] Graefe A，Küchenhoff H，Stierle V，et al. Limitations of Ensemble Bayesian Model Averaging for forecasting social science problems[J]. International Journal of Forecasting，2015，31(3)：943-951.

[61] Grant C，Sandland R，Olsen A. Estimation of Growth，Mortality and Yeild per Recruit of the Australian School Shark(Macleay)，from Tag Recoveries[J]. Marine and Freshwater Research，1979，30(5)：625-637.

[62] Griffiths D，Harrod C. Natural mortality，growth parameters，

and environmental temperature in fishes revisited[J]. Canadian Journal of Fisheries and Aquatic Sciences，2007，64(2)：249-255.

[63] Gronnevik R，Evensen G. Application of ensemble-based techniques in fish stock assessment[J]. Sarsia，2001，86(6)：517-526.

[64] Gulland J A. Natural mortality and size[J]. Marine Ecology Progress Series，1989，39：197-199.

[65] Hamel O S. A method for calculating a meta-analytical prior for the natural mortality rate using multiple life history correlates[J]. ICES Journal of Marine Science，2015，72(1)：62-69.

[66] Harry A V，Butcher P A，Macbeth W G，et al. Life history of the common blacktip shark，Carcharhinus limbatus，from central eastern Australia and comparative demography of a cryptic shark complex[J]. Marine and Freshwater Research，2019，70(6)：834-848.

[67] Hewitt D A，Lambert D M，Hoenig J M，et al. Direct and indirect estimates of natural mortality for Chesapeake Bay blue crab[J]. Transactions of the American Fisheries Society，2007，136(4)：1030-1040.

[68] Hewitt D，Hoenig J. Comparison of two approaches for estimating natural mortality based on longevity[J]. Fishery Bulletin，2005，103：433-437.

[69] Hightower J E，Jackson J R，Pollock K H. Use of Telemetry Methods to Estimate Natural and Fishing Mortality of Striped Bass in Lake Gaston，North Carolina[J]. Transactions of the American Fisheries Society，2001，130(4)：557-567.

[70] Hoenig J. Empirical use of longevity data to estimate mortality

rates[J]. Fish Bull，1983，81：213-228.

[71] Hoenig J. Empirical use of longevity data to estimate mortality rates[J]. US National Marine Fisheries Service Fishery Bulletin，1983，81：898-903.

[72] Hutchings K，Griffiths M H. Life-history strategies of Umbrina robinsoni（Sciaenidae）in warm-temperate and subtropical South African marine reserves[J]. African Journal of Marine Science，2010，32(1)：37-53.

[73] Iotc. 2015. Assessment of Indian Ocean Kawakawa（Euthynnus Affinis）Using Data Poor Catch-based Methods[R]. Indian Ocean Tuna Commission. IOTC-2015-WPNT05-21. 1-24.

[74] Iotc. 2017. Assessment of Indian Ocean Narrow-barred Spanish Mackerel（Scomberomorus Commerson）Using Data Limited Catch-based Methods［R］. Indian Ocean Tuna Commission. Phuket，Thailand. 90-91.

[75] Iotc. 2016. Ecological Risk Assessment(ERA)for Neritic Tunas in the IOTC Area of Competence［R］. Indian Ocean Tuna Commission. IOTC-2016-WPNT06-17. 10-26.

[76] Jennings S，Reynolds J D，Mills S C. Life history correlates of responses to fisheries exploitation[J]. Proceedings of the Royal Society of London Series B：Biological Sciences，1998，265 (1393)：333-339.

[77] Jensen A L. Beverton and Holt life history invariants result from optimal trade-off of reproduction and survival［J］. Canadian Journal of Fisheries and Aquatic Sciences，1996，53(4)：820-822.

[78] Jensen A L. Comparison of theoretical derivations，simple linear regressions，multiple linear regression and principal components

for analysis of fish mortality, growth and environmental temperature data[J]. Environmetrics, 2001, 12(6): 591-598.

[79] Kenchington T J. Natural mortality estimators for information-limited fisheries[J]. Fish and Fisheries, 2014, 15(4): 533-562.

[80] Kimura D K, Balsiger J W, Ito D H. Generalized Stock Reduction Analysis[J]. Canadian Journal of Fisheries and Aquatic Sciences, 1984, 41(9): 1325-1333.

[81] Kimura D K, Tagart J V. Stock Reduction Analysis, Another Solution to the Catch Equations[J]. Canadian Journal of Fisheries and Aquatic Sciences, 1982, 39(11): 1467-1472.

[82] Knip D M, Heupel M R, Simpfendorfer C A. Mortality rates for two shark species occupying a shared coastal environment[J]. Fisheries Research, 2012, 125: 184-189.

[83] Kolody D S, Eveson J P, Hillary R M. Modelling growth in tuna RFMO stock assessments: Current approaches and challenges[J]. Fisheries Research, 2016, 180: 177-193.

[84] Kuhn M. Building Predictive Models in R Using the caret Package [J]. Journal of Statistical Software, 2008, 28(5): 1-26.

[85] Kuhn M, Johnson K. Applied Predictive Modeling[M]. Springer, 2013.

[86] Kuhn M, Johnson K. Regression Trees and Rule-Based Models [M]. Applied Predictive Modeling. New York, NY: Springer New York. 2013: 173-220.

[87] Leslie P H, Ranson R M. The Mortality, Fertility and Rate of Natural Increase of the Vole(Microtus agrestis)as Observed in the Laboratory[J]. Journal of Animal Ecology, 1940, 9(1): 27-52.

[88] Li J, Wong L. Using Rules to Analyse Bio-medical Data: A

Comparison between C4.5 and PCL[C]. Advances in Web-Age Information Management. Berlin，Heidelberg，2003.

[89] Lotka A J. Elements of physical biology[J]. Science Progress in the Twentieth Century(1919-1933)，1926，21(82)：341-343.

[90] Mangel M. The inverse life-history problem，size-dependent mortality and two extensions of results of Holt and Beverton[J]. Fish and Fisheries，2017，18(6)：1192-1200.

[91] Martell S，Froese R. A simple method for estimating MSY from catch and resilience[J]. Fish and Fisheries，2013，14(4)：504-514.

[92] Maunder M N，Punt A E. A review of integrated analysis in fisheries stock assessment[J]. Fisheries Research，2013，142：61-74.

[93] Melnychuk M C，Peterson E，Elliott M，et al. Fisheries management impacts on target species status[J]. Proceedings of the National Academy of Sciences，2017，114(1)：178-183.

[94] Methot R D，Wetzel C R. Stock synthesis：A biological and statistical framework for fish stock assessment and fishery management[J]. Fisheries Research，2013，142：86-99.

[95] Musick J A. Criteria to Define Extinction Risk in Marine Fishes：The American Fisheries Society Initiative[J]. Fisheries，1999，24(12)：6-14.

[96] Musick J A，Harbin M M，Berkeley S A，et al. Marine，Estuarine，and Diadromous Fish Stocks at Risk of Extinction in North America(Exclusive of Pacific Salmonids)[J]. Fisheries，2000，25(11)：6-30.

[97] Myers R A，Bowen K G，Barrowman N J. Maximum reproductive rate of fish at low population sizes[J]. Canadian Journal of

Fisheries and Aquatic Sciences, 1999, 56(12): 2404-2419.

[98] Ohsumi S. Interspecies relationships among some biological parameters in cetaceans and estimation of the natural mortality of the Southern Hemisphere minke whale (Balaenoptera acutorostrata) [J]. Internationl Whaling Commission Report, 1979, 29: 397-406.

[99] Ono K, Punt A E, Rivot E. Model performance analysis for Bayesian biomass dynamics models using bias, precision and reliability metrics[J]. Fisheries Research, 2012, 125-126: 173-183.

[100] Painsky A, Rosset S. Cross-Validated Variable Selection in Tree-Based Methods Improves Predictive Performance [J]. IEEE Transactions on Pattern Analysis and Machine Intelligence, 2017, 39(11): 2142-2153.

[101] Pauly D. On the Interrelationships between Natural Mortality, Growth Parameters, and Mean Environmental Temperature in 175 Fish Stocks[J]. ICES Journal of Marine Science, 1980, 39: 175-192.

[102] Punt A E, Smith A D M. Harvest strategy evaluation for the eastern stock of gemfish (Rexea solandri)[J]. ICES Journal of Marine Science, 1999, 56(6): 860-875.

[103] Punt A E, Szuwalski C. How well can FMSY and BMSY be estimated using empirical measures of surplus production? [J]. Fisheries Research, 2012, 134-136: 113-124.

[104] Quinn T J, Deriso R B. Quantitative Fish Dynamics[M]. Oxford University Press, 1999.

[105] Ralston S. Mortality rates of snappers and groupers[J]. Tropical

snappers and groupers：biology and fisheries management，1987：375-404.

[106] Reynolds J D，Dulvy N K，Goodwin N B，et al. Biology of extinction risk in marine fishes[J]. Proceedings of the Royal Society B：Biological Sciences，2005，272(1579)：2337-2344.

[107] Ricard D，Minto C，Jensen O P，et al. Examining the knowledge base and status of commercially exploited marine species with the RAM Legacy Stock Assessment Database[J]. Fish and Fisheries，2012，13(4)：380-398.

[108] Roff D A. Predicting Body Size with Life History Models[J]. BioScience，1986，36(5)：316-323.

[109] Roff D. Life History Invariants[J]. Journal of Evolutionary Biology，1993，7(3)：399-400.

[110] Rosenberg A A，Kleisner K M，Afflerbach J，et al. Applying a New Ensemble Approach to Estimating Stock Status of Marine Fisheries around the World[J]. Conservation Letters，2018，11 (1)：e12363.

[111] Rowan D J，Rasmussen J B. Bioaccumulation of Radiocesium by Fish：the Influence of Physicochemical Factors and Trophic Structure [J]. Canadian Journal of Fisheries and Aquatic Sciences，1994，51(11)：2388-2410.

[112] Rudd M B，Thorson J T，Sagarese S R. Ensemble models for data-poor assessment：accounting for uncertainty in life-history information[J]. Ices Journal Of Marine Science，2019，76(4)：870-883.

[113] Scarnecchia D L，Lim Y，Ryckman L F，et al. Virtual Population Analysis，Episodic Recruitment，and Harvest

Management of Paddlefish with Applications to Other Acipenseriform Fishes [J]. Reviews In Fisheries Science & Aquaculture，2014，22(1)：16-35.

[114] Schaefer M B. Some aspects of the dynamics of populations important to the management of the commercial marine fisheries [J]. Bulletin of Mathematical Biology，1991，53(1)：253-279.

[115] Smart J J，Punt A E，Espinoza M，et al. Refining mortality estimates in shark demographic analyses：a Bayesian inverse matrix approach [J]. Ecological Applications，2018，28(6)：1520-1533.

[116] Smith S E，Au D W，Show C. Intrinsic rebound potentials of 26 species of Pacific sharks[J]. Marine and Freshwater Research，1999，49(7)：663-678.

[117] Soykan C U，Eguchi T，Kohin S，et al. Prediction of fishing effort distributions using boosted regression trees[J]. Ecological Applications，2014，24(1)：71-83.

[118] Spiegelhalter D J，Best N G，Carlin B P，et al. Bayesian measures of model complexity and fit[J]. Journal of the Royal Statistical Society：Series B(Statistical Methodology)，2002，64 (4)：583-639.

[119] Strobl C，Malley J，Tutz G. An introduction to recursive partitioning：Rationale，application，and characteristics of classification and regression trees，bagging，and random forests [J]. Psychological Methods，2009，14(4)：323-348.

[120] Szuwalski C S，Castrejon M，Ovando D，et al. An integrated stock assessment for red spiny lobster(Panulirus penicillatus) from the Galapagos Marine Reserve[J]. Fisheries Research，

2016，177：82-94.

[121] Tanaka S. Studies on the dynamics and the management of fish populations[J]. Bull Tokai Fish Res Lab，1960，28：1-200.

[122] Then A Y，Hoenig J M，Hall N G，et al. Evaluating the predictive performance of empirical estimators of natural mortality rate using information on over 200 fish species[J]. ICES Journal of Marine Science，2015，72(1)：82-92.

[123] Then A Y，Hoenig J M，Huynh Q C. Estimating fishing and natural mortality rates，and catchability coefficient，from a series of observations on mean length and fishing effort[J]. ICES Journal of Marine Science，2018，75(2)：610-620.

[124] Thorson J T. Predicting recruitment density dependence and intrinsic growth rate for all fishes worldwide using a data-integrated life-history model[J]. Fish and Fisheries，2020，21(2)：237-251.

[125] Tomar D. A survey on Data Mining approaches for Healthcare [J]. International Journal of Bio-Science and Bio-Technology，2013，5：241-266.

[126] Tomaschek F，Hendrix P，Baayen R H. Strategies for addressing collinearity in multivariate linguistic data [J]. Journal of Phonetics，2018，71：249-267.

[127] Tso G K F，Yau K K W. Predicting electricity energy consumption：A comparison of regression analysis，decision tree and neural networks[J]. Energy，2007，32(9)：1761-1768.

[128] Tyrrell M C，Link J S，Moustahfid H，et al. Evaluating the effect of predation mortality on forage species population dynamics in the Northeast US continental shelf ecosystem using

multispecies virtual population analysis [J]. Ices Journal of Marine Science, 2008, 65(9): 1689-1700.

[129] Ueda Y, Kanno Y, Matsuishi T. Weight-based virtual population analysis of Pacific cod Gadus macrocephalus off the Pacific coast of southern Hokkaido, Japan[J]. Fisheries Science, 2004, 70 (5): 829-838.

[130] Walsh W, Kleiber P. Generalized additive model and regression tree analysis of blue shark(Prionace glauca)by the Hawaii-based longline fishery[J]. Fisheries Research, 2001, 53: 115-131.

[131] Walters C J, Martell S J D, Korman J. A stochastic approach to stock reduction analysis[J]. Canadian Journal of Fisheries and Aquatic Sciences, 2006, 63(1): 212-223.

[132] Wetzel C R, Punt A E. Evaluating the performance of data-moderate and catch-only assessment methods for U.S. west coast groundfish[J]. Fisheries Research, 2015, 171: 170-187.

[133] Wikle C K. Hierarchical bayesian models for predicting the spread of ecological processes[J]. Ecology, 2003, 84(6): 1382-1394.

[134] Williams A J, Currey L M, Begg G A, et al. Population biology of coral trout species in eastern Torres Strait: Implications for fishery management[J]. Continental Shelf Research, 2008, 28 (16): 2129-2142.

[135] Yamaguchi H, Matsuishi T. Effects of sampling errors on abundance estimates from virtual population analysis for walleye pollock in northern waters of Sea of Japan[J]. Fisheries Science, 2007, 73(5): 1061-1069.

[136] Ye Y, Gutierrez N L. Ending fishery overexploitation by

expanding from local successes to globalized solutions[J]. Nature Ecology & Evolution，2017，1(7)：0179.

[137] Zerbini A N，Clapham P J，Wade P R. Assessing plausible rates of population growth in humpback whales from life-history data [J]. Marine Biology，2010，157(6)：1225-1236.

[138] Zhang C-I，Megrey B A. A Revised Alverson and Carney Model for Estimating the Instantaneous Rate of Natural Mortality[J]. Transactions of the American Fisheries Society，2006，135(3)：620-633.

[139] Zhang K，Zhang J，Xu Y，et al. Application of a catch-based method for stock assessment of three important fisheries in the East China Sea[J]. Acta Oceanologica Sinica，2018，37(2)：102-109.

[140] Zhou S，Deng R，Hoyle S，et al. 2019. Identifying appropriate reference points for elasmobranchs within the WCPFC[R]. Western and Central Pacific Fisheries Commission. 41-44.

[141] Zhou S J，Punt A E，Smith A D M，et al. An optimized catch-only assessment method for data poor fisheries[J]. Ices Journal of Marine Science，2018，75(3)：964-976.

[142] Zhou S J，Punt A E，Ye Y M，et al. Estimating stock depletion level from patterns of catch history[J]. Fish And Fisheries，2017，18(4)：742-751.

[143] Zhou S，Punt A E，Deng R，et al. Modified hierarchical Bayesian biomass dynamics models for assessment of short-lived invertebrates: a comparison for tropical tiger prawns[J]. Marine And Freshwater Research，2009，60(12)：1298-1308.

[144] Zhou S，Punt A E，Lei Y，et al. Identifying spawner biomass

per-recruit reference points from life-history parameters[J]. Fish and Fisheries，2020，21(4)：760-773.

[145] Zhou S，Yin S，Thorson James t，et al. Linking fishing mortality reference points to life history traits：an empirical study[J]. Canadian Journal of Fisheries and Aquatic Sciences，2012，69 (8)：1292-1301.

# 索 引